电网企业一线员工作业一本通

配电自动化

国网浙江省电力公司　组编

中国电力出版社
CHINA ELECTRIC POWER PRESS

图书在版编目（CIP）数据

配电自动化／国网浙江省电力公司组编．—北京：中国电力出版社，2017.8（2022.11重印）
（电网企业一线员工作业一本通）
ISBN 978-7-5198-0972-0

Ⅰ．①配… Ⅱ．①国… Ⅲ．①配电自动化 Ⅳ．①TM76

中国版本图书馆 CIP 数据核字（2017）第 165745 号

出版发行：中国电力出版社
地　　址：北京市东城区北京站西街 19 号（邮政编码 100005）
网　　址：http://www.cepp.sgcc.com.cn
责任编辑：刘丽平（liping-liu@sgcc.com.cn）
责任校对：郝军燕
装帧设计：张俊霞　左　铭
责任印制：石　雷

印　刷：北京九天鸿程印刷有限责任公司
版　次：2017 年 8 月第一版
印　次：2022 年11月北京第二次印刷
开　本：787 毫米 ×1092 毫米 横 32 开本
印　张：8.75
字　数：207 千字
印　数：5001—5500 册
定　价：50.00 元

内 容 提 要

本书是“电网企业一线员工作业一本通”之《配电自动化》分册。本书是按照国家电网公司关于配电自动化建设、应用、运维、检修和管理的要求，立足于基层工作实际，结合国内外新技术和新理念编写而成，包括总述篇、基础准备篇、运行篇、维护篇和典型案例篇，涵盖了配电自动化专业工作所需的全部基础知识、工作标准、操作方法。

本书可作为供电企业配电网各专业工作人员的培训教学用书，也可作为电力职业院校、相关电气设备制造企业的参考书。

编　委　会

编写组

组　长　潘杰锋　戴晓红

副组长　汤　雍　徐重西　曹　华

成　员　徐　杰　周仁才　孙建康　唐晓岚　罗玉纯　王　栋　屠新强　康小平

刘家齐　陈　蕾　陈德炜　马振宇　苏毅方　周云高　孙冉冉　潘　杰

宋　璐　宓天洲　张绮华　张蔡洧　吴召华　汪　忠　王溢熹　杨一盼

潘媚媚　宋晓阳　李海龙　王　晖　秦如意　韩寅峰　王肖瑜　洪仁杰

刘刊论　苗佳麒　翁　迪　李　玮　谢翱羽　景无为　黄湘云　郑凯博

郭艳东　吴凯宏　郭泽庆

丛书序

国网浙江省电力公司正在国家电网公司领导下，以“两个率先”的精神全面建设“一强三优”现代公司。建设一支技术技能精湛、操作标准规范、服务理念先进的一线技能人员队伍是实现“两个一流”的必然要求和有力支撑。

2013年，国网浙江省电力公司组织编写了“电力营销一线员工作业一本通”丛书，受到了公司系统营销岗位员工的一致好评，并形成了一定的品牌效应。2016年，国网浙江省电力公司将“一本通”拓展到电网运检、调控业务，形成了“电网企业一线员工作业一本通”丛书。

“电网企业一线员工作业一本通”丛书的编写，是为了将管理制度与技术规范落地，把标准规范整合、翻译成一线员工看得懂、记得住、可执行的操作手册，以不断提高员工操作技能和供电服务水平。丛书主要体现了以下特点：

一是内容涵盖全，业务流程清晰。其内容涵盖了营销稽查、变电站智能巡检机器人现场运维、特高压直流保护与控制运维等近30项生产一线主要专项业务或操作，对作业准备、现场作业、应急处理等事项进行了翔实描述，工作要点明确、步骤清晰、流程规范。

二是标准规范，注重实效。书中内容均符合国家、行业或国家电网公司颁布的标准规范，结合生产实际，体现最新操作要求、操作规范和操作工艺。一线员工均可以从中获得启发，举一反三，不断提升操作规范性和安全性。

三是图文并茂，生动易学。丛书内容全部通过现场操作实景照片、简明漫画、操作流程图及简要文字说明等一线员工喜闻乐见的方式展现，使“一本通”真正成为大家的口袋书、工具书。

最后，向“电网企业一线员工作业一本通”丛书的出版表示诚挚的祝贺，向付出辛勤劳动的编写人员表示衷心的感谢！

国网浙江省电力公司总经理　肖世杰

前　言

配电自动化是智能配电网的基础与核心，是实现配电网发展和提升的重要手段。当前，全国各地都在深入推进配电自动化的建设和应用。为进一步提高配电自动化建设、运维和管理水平，规范配电自动化专业工作和一线作业，有效提升配电自动化工作人员的专业技能，国网浙江省电力公司组织了一批来自配电自动化专业的基层管理者和业务技术能手，本着“规范、全面、实效”的原则，编写了“电网企业一线员工作业一本通”丛书的《配电自动化》分册。

本书是按照国家电网公司关于配电自动化建设、应用、运维、检修和管理的要求，立足于基层工作实际，结合国内外新技术和新理念编写而成。主体内容分为总述篇、基础准备篇、运行篇、维护篇和典型案例篇，涵盖了配电自动化专业工作所需的全部基础知识、工作标准、操作方法，并列举、分析了大量实际工作中的典型案例。

本书可作为供电企业配电网各专业工作人员的培训用书，也可作为电力职业院校、相关电气设备制造企业的参考书。

本书编写组

2017年6月

目　录

Part 1

总述篇主要对配电自动化的相关知识、配电自动化系统结构进行了简要介绍，并阐明了配电自动化的工作范围。

总述篇

一 配电自动化概述

（一）配电自动化的概念

配电自动化是一项集计算机技术、数据传输技术、控制技术、现代化设备及管理于一体的综合技术。

- 它以一次设备和网架为基础
- 它以配电自动化系统为核心
- 它综合利用多种通信方式
- 它与相关应用系统信息集成

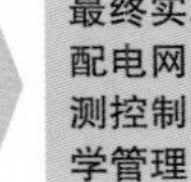

最终实现对配电网的监测控制与科学管理

（二）发展配电自动化的意义

发生故障时迅速进行故障定位，采取有效手段隔离故障并对非故障区域恢复供电。

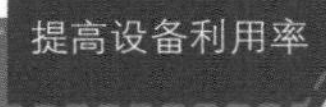

基于多分段多联络接线模式，在发生故障时采用模式化故障处理措施，从而提高设备利用率。

通过对配电网运行情况的监视，掌握负荷特性和规律，制定科学的配电网络重构方案，优化配电网运行方式。

因特殊情况而在高压侧不能恢复全部用户供电的情况下，生成负荷批量转移策略，避免长时间大面积停电。

（三）配电自动化发展历史、现状和趋势

1. 配电自动化的发展历史

（1）国外发展历史

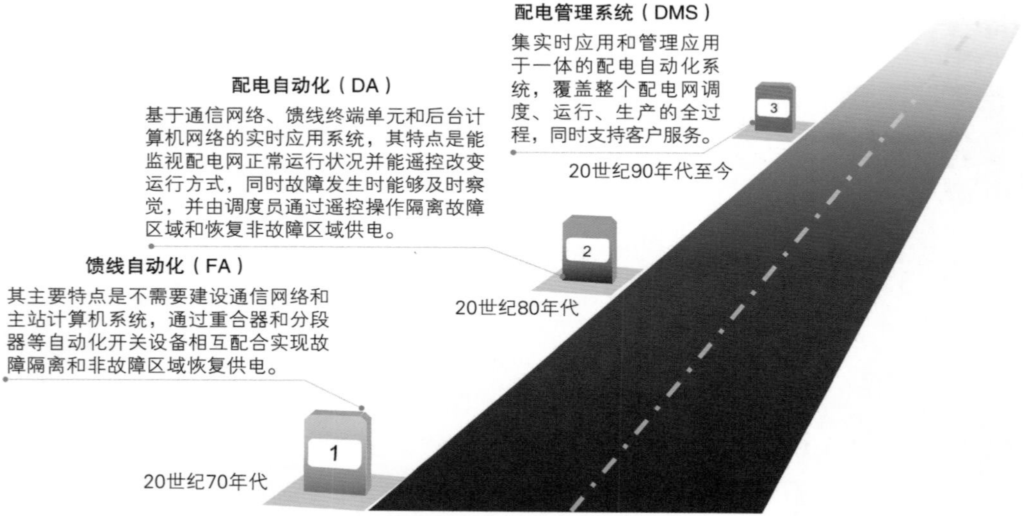

（2）国内发展历史

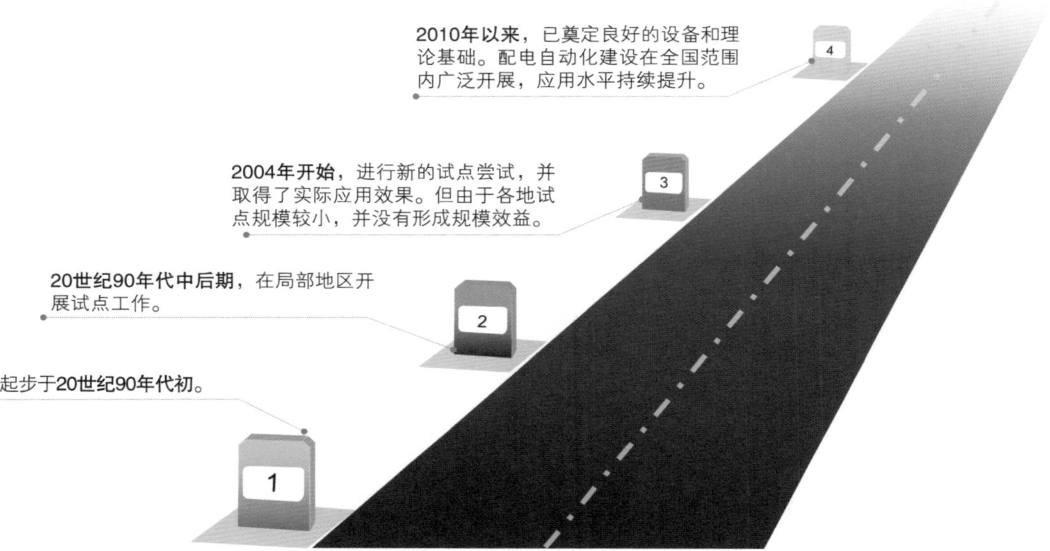
2010年以来，已奠定良好的设备和理论基础。配电自动化建设在全国范围内广泛开展，应用水平持续提升。
4
2004年开始，进行新的试点尝试，并取得了实际应用效果。但由于各地试点规模较小，并没有形成规模效益。
3
20世纪90年代中后期，在局部地区开展试点工作。
2
起步于**20世纪90年代初**。
1

2. 国内配电自动化的现状

（1）目前取得的成果

成果

1
- 国家电网公司2009年起在北京、杭州、厦门和银川4个城市开展第一批配电自动化试点工程建设工作，取得了显著的效益，并形成了一批技术和管理创新成果。

2
- 国家电网公司2010年起在上海、天津、成都、宁波、青岛等19个城市开展第二批配电自动化试点工程建设工作，扩大了配电自动化的覆盖范围和影响力，丰富了配电自动化的建设和应用模式。

3
- 截至2016年2月，国家电网公司共有71个单位的配电自动化系统投入运行。

4
- 针对配电自动化建设与应用中的关键技术环节，制定了多项标准。

5
- 对已通过实用化验收的系统，进行主站运行率、终端在线率、遥控使用率、遥控成功率、故障处理成功率等指标的监控，应用成效显著。

6
- 积极开展基于IEC61968“图、模、数”标准化、分布式馈线故障处理、终端板件互换等专项技术研究，并取得100多项专利技术。

7
- 组织开展分布式电源接入配电自动化系统适应性研究，制定配电自动化调整方案，适应各种分布式电源接入。

（2）目前存在的问题

问题

配电网基础仍然薄弱

- ①部分城市配电网建设及维护投入不足、网架结构不清晰、线路间负荷转供能力较差；②配电自动化配套工程工作量大，尤其是开关设备改造、光缆敷设等，施工难度大、停电时间长；③配电网基础资料有待完善，部分单位设备台账和GIS信息录入不及时、准确性不高。

主站功能需进一步优化

- ①基本功能应用不足：个别单位开关遥控使用率低，配电网设备监控等基本功能未发挥实际作用；②高级功能实用性不强：部分高级功能完全套用主网调度系统（EMS）设计，不能适应配电网灵活多变的特征，在实际应用中效果较差。

终端设备可靠性待提高

- ①终端设备安装环境复杂，部分设备环境适应能力较差，故障率较高；②设备制造厂商多，型式繁杂且缺乏统一制造标准，现场施工调试及运维工作难度较大。

运维体系建设待完善

- 配电自动化涉及电气、通信和自动化等多个专业，由于历史原因，配电人员严重不足，技术水平不高，大部分一线员工难以独立完成运维工作，主站和现场设备维护多依靠厂家进行。

3. 配电自动化的发展趋势

- 配电自动化建设运维应坚持因地制宜的原则；
- 支持基于IEC61968的信息交互；
- 实现配电网故障智能自愈；
- 支撑经济高效的配电网；
- 接入并科学管理分布式电源。

二 配电自动化系统结构简介

- 配电自动化主站系统（简称配电主站）实现数据采集、处理及存储、人机联系和各种应用功能。

- 通信通道是连接配电主站、配电子站和配电终端之间实现信息传输的通信网络。

- 配电子站存在于部分配电自动化系统，是配电主站与配电终端之间的中间层设备。配电子站一般用于通信汇集，也可根据需要实现区域监控功能。

- 配电终端是安装在一次设备运行现场的自动化装置，根据具体应用对象选择不同的类型。

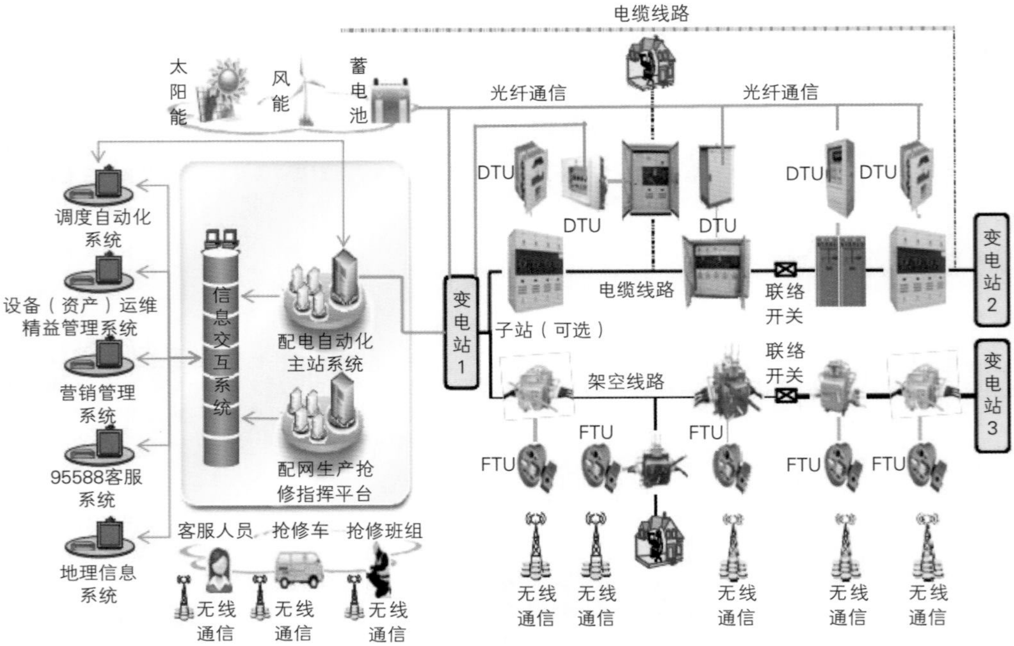

电缆线路
太阳能
风能
蓄电池
光纤通信
光纤通信
DTU
DTU
DTU
DTU
DTU
调度自动化系统
设备（资产）运维精益管理系统
营销管理系统
95588客服系统
地理信息系统
信息交互系统
配电自动化主站系统
配网生产抢修指挥平台
变电站1
变电站2
变电站3
电缆线路
子站（可选）
联络开关
联络开关
架空线路
FTU
FTU
FTU
FTU
FTU
客服人员
抢修车
抢修班组
无线通信
无线通信
无线通信
无线通信
无线通信
无线通信
无线通信
无线通信

配电自动化系统架构

三 配电自动化工作范围

相关专业

√ 配电

√ 调控

√ 自动化

√ 电力通信

工作内容

√ 配电自动化建设改造

√ 配电自动化运行维护

√ 配电自动化调控运行

√ 配电自动化故障处理

工作模块

√ 配电主站运行

√ 配电主站维护

√ 配电终端运行

√ 配电终端维护

由于配电自动化系统和设备品牌、型号众多，为兼顾本书内容的通用性和简洁性，本书介绍的配电主站和配电终端操作分别以较为典型的南瑞科技OPEN—3200系统和积成电子F50配电终端为例，旨在最大限度地为配电自动化工作者提供指导或参考。

Part 2

基础准备篇对现场配电自动化作业人员提出着装规范要求；罗列作业所需的常用工器具，并对它们的功能及具体使用情境作出说明；介绍了资料台账的管理要求。

基础准备篇

一 作业人员要求

在现场进行作业的人员须按国家电网公司的要求统一着装。

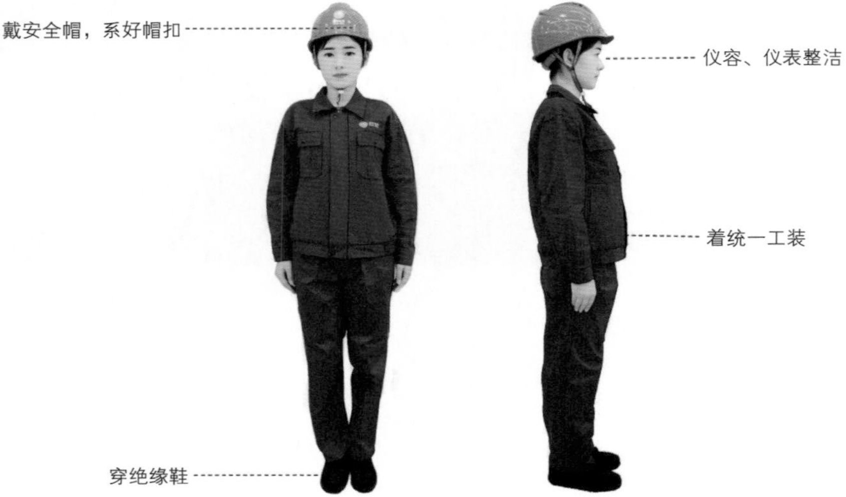

戴安全帽，系好帽扣

仪容、仪表整洁

着统一工装

穿绝缘鞋

二　常用工器具介绍

万用表

电流表

剥线钳

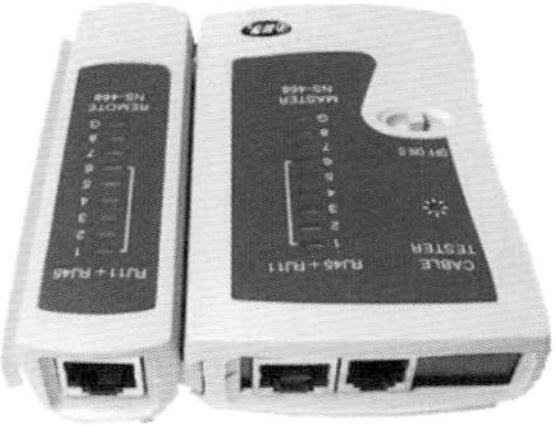

网线测试仪

继保测试仪

螺丝刀

应急灯

手电筒

验电笔

笔记本

常用工器具说明

工器具名称	功能说明	精度要求	使用情境
万用表	测量电压、电流和电阻等电气量	2.5级精度	现场终端设备和二次线路的安装、检修
钳形电流表	不切断电路的情况测量电流	2.5级精度	现场终端设备和二次线路的安装、检修
剥线钳	剥除电线头部的表面绝缘层	—	现场终端设备和二次线路的安装、检修
网线测试仪	检测网线通信是否正常	—	通信网络检测
继保测试仪	输出三相交流电压及电流，用于遥测精度测试	0.1级精度	终端设备遥测、遥信测试
螺丝刀	装卸螺丝	—	现场终端设备和二次线路的安装、检修
应急灯	环境照明	—	现场终端设备和二次线路的安装、检修
手电筒	现场局部细节照明	—	现场终端设备和二次线路的安装、检修
验电笔	检查500V以下导体或各种用电设备的外壳是否带电	—	现场终端设备和二次线路的安装、检修
笔记本	支持各类调试软件	—	现场终端设备的调试、检修

三 资料台账准备

（一）设备台账

重要性： 有利于相关资产的有效管理和利用，是提高运行管理水平必不可少的基础资料。

维护要求： 应将配电自动化设备台账以电子化的形式存储或录入配网信息管理系统，并在设备变更后及时完成台账的更新工作。

工器具台账

包括万用表、钳形电流表、剥线钳、网络测试仪、继保测试仪、螺丝刀、应急灯、手电筒、验电笔、笔记本等工器具的功能说明、精度要求和使用情景等相关信息。

终端设备台账

包括所有终端设备的型号、所属站所、开关柜类型、电流互感器变比、取电方式、通信方式、通道名称、IP地址、所属区域、建设批次、投运时间等相关信息。

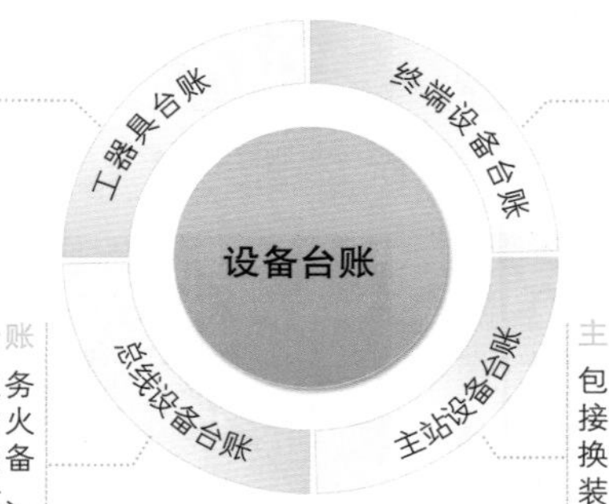

总线设备台账

包括接口服务器、信息交换总线服务器、交换机、正反向隔离装置、防火墙、负载均衡服务器、工作站等设备的机柜号、硬件型号及配置、IP地址、投运时间等相关信息。

主站设备台账

包括SCADA服务器、前置服务器、历史数据服务器、接口服务器、磁盘阵列、SAN交换机、工作站、骨干交换机、前置交换机、物理隔离装置、防火墙、纵向加密装置、工作站延长设备、KVM设备、网络机柜、卫星时钟、打印机、维护工具、接入交换机、通道箱、通道板、终端服务器等主站设备的机柜号、硬件型号及配置、IP地址、投运时间等相关信息。

（二）图形台账

重要性：是配电自动化系统安全稳定运行的基础，是配电自动化工作顺利开展的生命线。

维护要求：要求图形与现场接线保持一致，图形的变更和现场的变更保持同步。

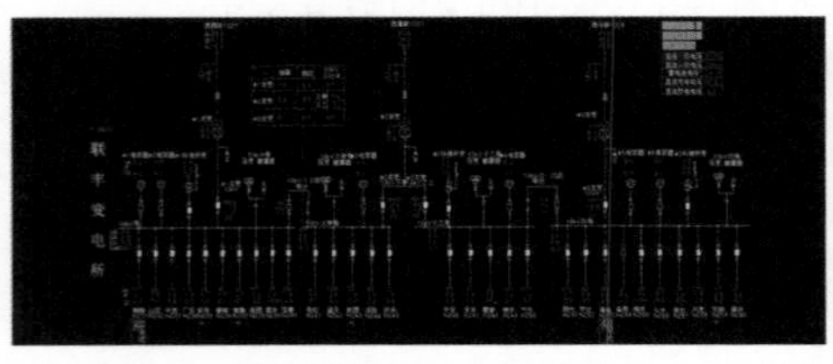

厂站接线图：描述变电站内部的拓扑结构、设备状态等信息。

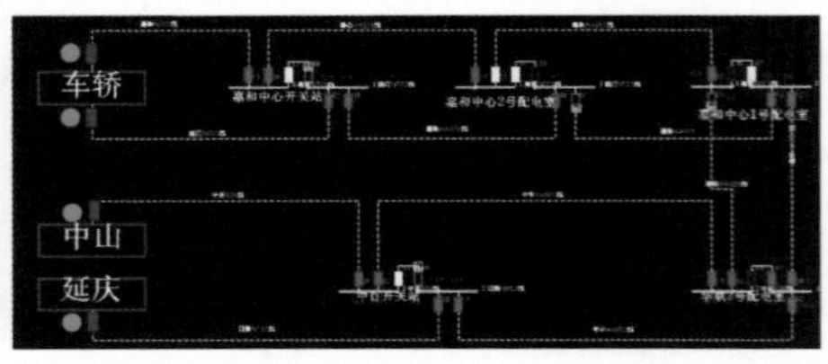

区域系统图：描述区域系统内变电站与配电站之间的拓扑结构，开关状态、潮流分布等信息。

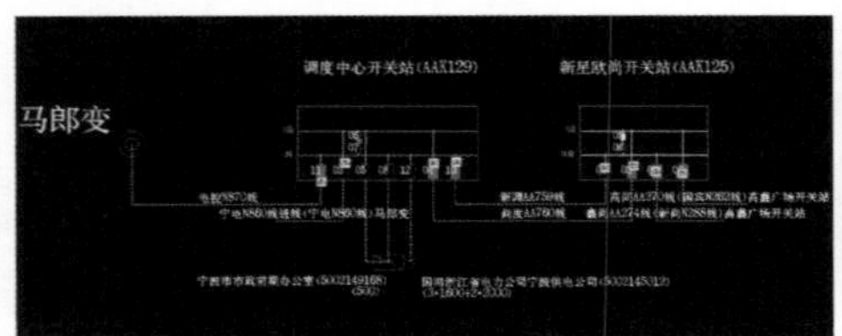

单线图：描述单条10kV馈线的拓扑结构、供电范围、潮流分布等信息。

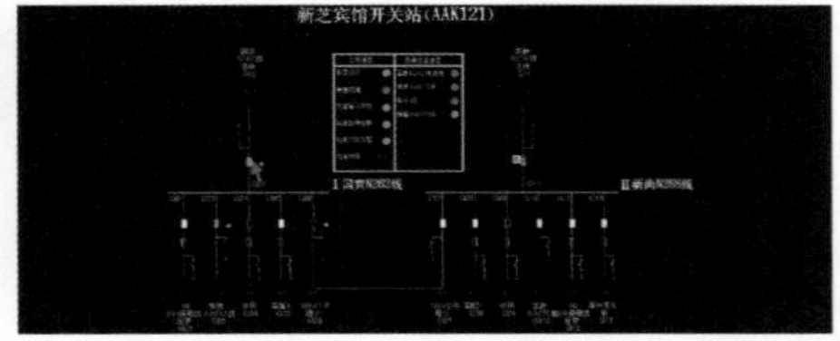

站室图：描述配电站内部的拓扑结构、开关状态等信息。

四 工作票

自动化主站工作票

<table>
<tr><td rowspan="3">任务</td><td>单位</td><td>配电运检室</td><td>编号</td><td></td></tr>
<tr><td>系统名称</td><td>配电自动化系统</td><td>工作班组</td><td>电缆运检班</td></tr>
<tr><td>工作任务</td><td colspan="3"></td></tr>
<tr><td rowspan="5">工作准备</td><td>工作内容及要求</td><td colspan="3"></td></tr>
<tr><td>工作负责人</td><td></td><td>工作班成员</td><td>共___人</td></tr>
<tr><td>计划工作时间</td><td colspan="3">自__年__月__日__时__分至__年__月__日__时__分</td></tr>
<tr><td>签发人</td><td></td><td>签发时间</td><td>__年__月__日__时__分</td></tr>
<tr><td>注意事项及安全措施</td><td colspan="3"></td></tr>
<tr><td>许可</td><td>工作许可人</td><td></td><td>许可时间</td><td>__年__月__日__时__分</td></tr>
<tr><td rowspan="5">工作记录</td><td>工作班成员确认工作任务、人员分工、安全措施和注意事项并签名</td><td colspan="3"></td></tr>
<tr><td>工作开始时间</td><td>__年__月__日__时__分</td><td>工作负责人</td><td></td></tr>
<tr><td>工作完成情况</td><td colspan="3"></td></tr>
<tr><td>遗留问题</td><td colspan="3"></td></tr>
<tr><td>工作结束时间</td><td>__年__月__日__时__分</td><td>工作负责人</td><td></td></tr>
<tr><td>备注</td><td colspan="4"></td></tr>
</table>

已执行
或不执行章
作 废

合格
或不合格章

配电第二种工作票

单位：______配电运检室______ 编号：____2016-02-17-02____

1．工作负责人：_×××_ 班组：______电缆运检班______

2．工作班成员（不包括工作负责人）：_徐存龙_

______ 共_1_人

3．工作任务：

工作地点或设备［注明变（配）电站，线路名称，设备双重名称及起止杆号］	工作内容
大古城#4 环网单元	新胜消缺
大古城#5 环网单元	新胜消缺
大古城#1 环网单元	新胜消缺

4．计划工作时间：自_2016_年_02_月_17_日_09_时_02_分至_2016_年_02_月_17_日_16_时_30_分

5．工作条件和安全措施（必要时可附页附图说明）

全站设备均处于带电运行状态。工作中与带电部位保持足够安全距离 10kV：0.7米，工作中加强监护，在相邻间隔做好安全围栏外挂“止步，高压危险”标示牌，在DTU处放置“在此工作”标示牌，确认主站侧已挂测试牌。

工作票签发人签名：______ ______年__月__日__时__分

工作负责人签名：______ ______年__月__日__时__分

6．现场补充的安全措施：

______

7．工作许可：

许可的线路、设备	许可方式	工作许可人	工作负责人签名	许可工作（或开工）时间
大古城#4 环网单元				年 月 日 时 分
大古城#5 环网单元				年 月 日 时 分
大古城#1 环网单元				年 月 日 时 分
				年 月 日 时 分
				年 月 日 时 分

8．工作班成员确认工作负责人布置的工作任务、人员分工、安全措施和注意事项并签名：

______

工作开始时间：______年____月____日____时____分 工作负责人签名：______

9．工作票延期：有效期延长到______年____月____日____时____分。

工作负责人签名：______ ______年____月____日____时____分

工作许可人签名：______ ______年____月____日____时____分

10．工作完工时间：______年____月____日____时____分 工作负责人签名：______

11．工作终结：

11.1 工作班人员已全都撤离现场。材料工具已清理完毕，杆塔，设备上已无遗留物。

11.2 工作终结报告：

终结的线路或设备	报告方式	工作负责人签名	工作许可人	终结报告（或结束）时间
大古城#4 环网单元				年 月 日 时 分
大古城#6 环网单元				年 月 日 时 分
大古城#1 环网单元				年 月 日 时 分
				年 月 日 时 分
				年 月 日 时 分

12．备注：

12.1 指定负责监护人______负责监护______

______（地点及具体工作）

12.2 其他事项：

______

Part 3

运行篇主要介绍配电自动化系统基本操作涉及的基础知识，详细讲解配电自动化主站系统和终端设备日常应用和运行的业务流程、工作过程和操作方法，为调控人员和配电设备运行人员开展相关作业提供指导。

运行篇

一 主站运行

（一）系统基本操作

1. 系统启动及登录

1. 输入用户名和口令，完成系统登录。

注：在操作过程中，如有异常情况，则先停止应用程序（第4步），然后再重新启动应用程序（第3步）。

2. 在系统桌面上右键单击后点击菜单栏中的“打开终端”。

3. 在弹出的窗口中输入指令sam_ctl start fast（sam_ctl start down），完成配电自动化系统工作站（服务器）的启动。

4. 在弹出窗口中输入指令sam_ctl stop，停止配电自动化系统应用程序。

2. 总控台开启及用户登录

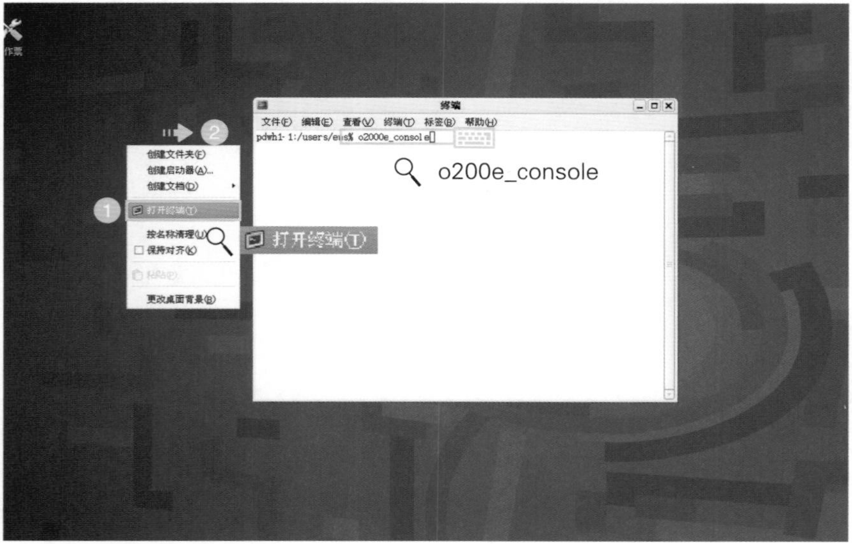

1. 在系统桌面上右键单击后点击菜单栏中的“打开终端”。

2. 在弹出的窗口中输入指令o2000e_console，完成总控台的开启。

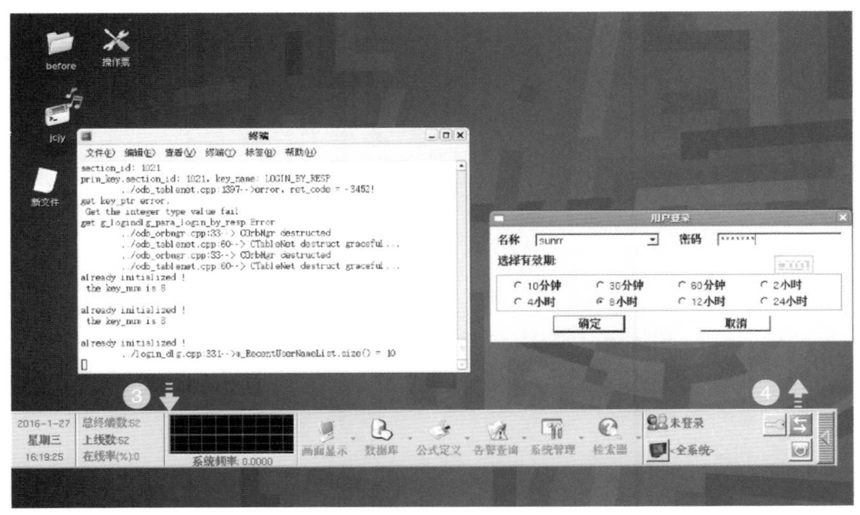

3. 在总控台上点击绿色箭头按钮，进行用户登录。

4. 在用户登录窗口输入名称和密码，进行登录。

注：总控台相当于配电自动化系统的一个快捷菜单，从这个菜单上可以轻松完成主界面、告警窗、数据库的开启、用户登录和责任区选择等常用操作。

3. 专题图查看

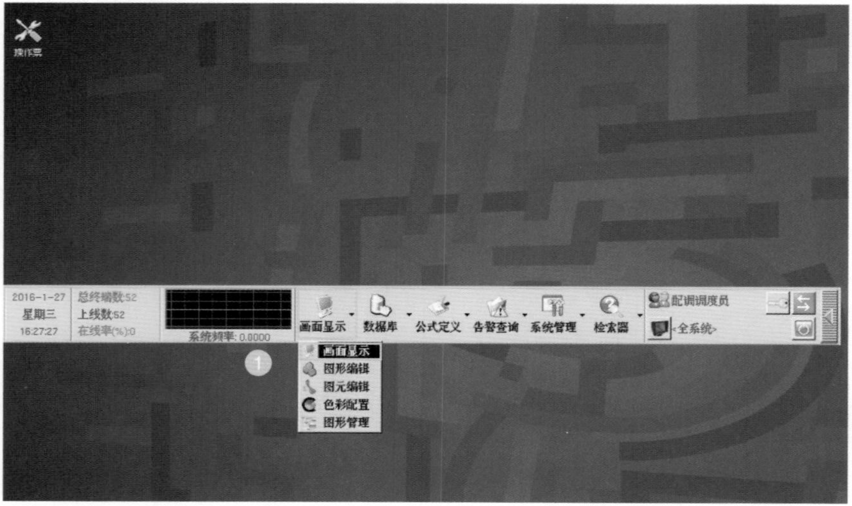

1. 在主控台上选择画面显示下拉菜单中的“画面显示”。

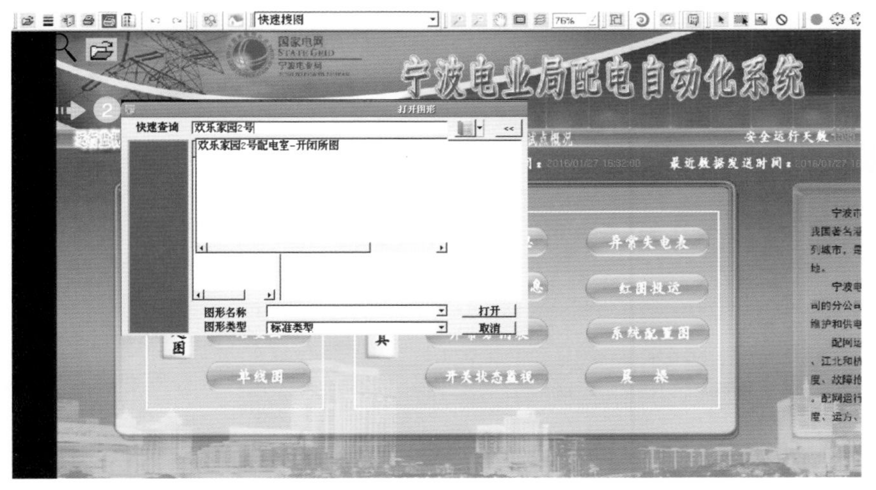

2. 点击左上角打开按钮，在快速查询栏中输入图形名称后打开图形。

注：专题图按照国家电网公司标准可分为站间联络图、区域系统图、站室图和单线图四种。专题图查看是调控员工作中最常用到的操作。

4. 告警信息查看

（1）实时告警信息查看

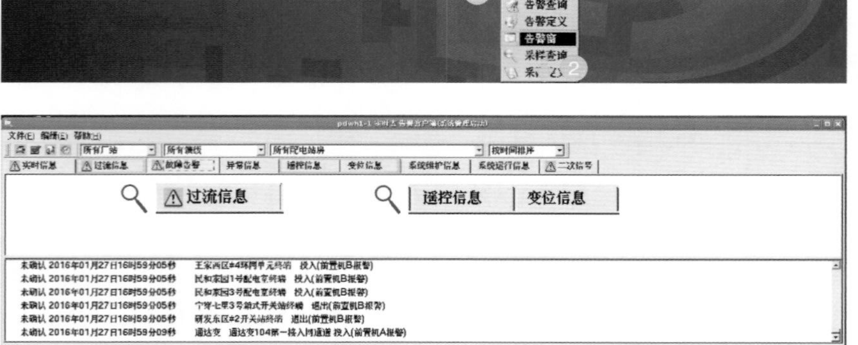

1. 在主控台的告警查询下拉菜单中，点击告警窗，就会弹出实时告警窗。

2. 在弹出的窗口中可以查看告警窗内容分类：过流信息、遥控信息、变位信息等。

（2）历史告警信息查看

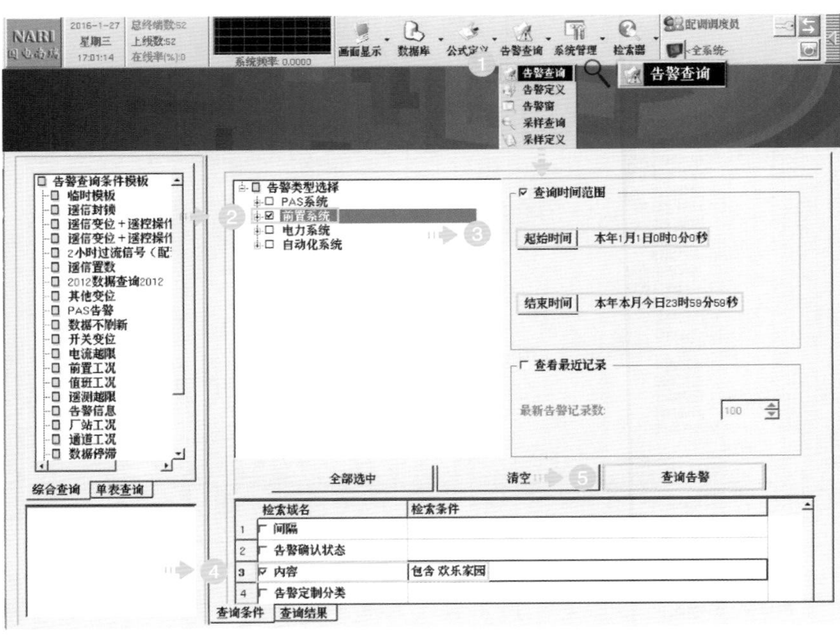

1. 左键单击主控台“告警查询”。
2. 在需要查询的告警类型前打勾。
3. 设置起止时间。
4. 输入关键字。
5. 左键单击“查询告警”查看历史告警信息。

调控员常用的查询组合：①遥控相关信息查询（遥控操作、遥信变位、SOE信号）；②事故时的过流信号查询；③挂牌信息查询；④置位信息查询。

① 遥控相关信息查询

告警查询条件模板
临时模板
遥信封锁
遥信变位＋遥控操作
遥信变位＋遥控操作+SOE
2小时过流信号（配调）
遥信置数
2012数据查询2012
其他变位
PAS告警
数据不刷新
开关变位
电流越限
前置工况
值班工况
遥测越限
告警信息
厂站工况
通道工况
数据停滞

综合查询　单表查询

查询成功,共查到7条记录,当前页7条记录

模拟置牌告警
模拟跳线告警
稳定监控告警
置牌操作
计划值事件
设备操作
设备越限
调档操作
负荷预报告警
负荷预报操作
跳线操作
☑ 遥信变位
遥信操作
☑ 遥控操作
遥测操作
遥测越限
遥调操作
间隔操作
自动化系统

☑ 查询时间范围
起始时间　本年本月今日0时0分0秒
结束时间　本年本月今日23时59分59秒

查看最近记录
最新告警记录数:　50

全部选中　清空　查询告警

	检索域名	检索条件
3	告警确认状态	
4	☑ 内容	包含 特警支队
5	告警定制分类	
6	所属开闭所	

查询条件　查询结果

② 事故时过流信号查询

告警查询条件模板
临时模板
遥信封锁
遥信变位+遥控操作
遥信变位+遥控操作
2小时过流信号（配
遥信置数
2012数据查询2012
其他变位
PAS告警
数据不刷新
开关变位
电流越限
前置工况
值班工况
遥测越限
告警信息
厂站工况
通道工况
数据停滞
综合查询
单表查询
查询成功,共查到3263条记录,当前页1000条记录
电力系统
DA过程信息
SCADA事件
SCD事件
SOE
事故
二次遥信告警
其他事件
告警操作信息
图形投运信息
微机保护
微机保护一般操作
微机保护操作
微机保护故障简报
微机保护装置工况
微机保护设备置牌操作
微机保护遥信操作
拆搭操作
旁路代告警
查询时间范围
起始时间
本年本月今日14时0分0秒
结束时间
本年本月今日23时59分59秒
查看最近记录
最新告警记录数:
100
全部选中
清空
查询告警
检索域名
检索条件
1 间隔ID
2 所属开关站
3 告警确认状态
4 内容
包含 过流
查询条件
查询结果

③ 挂牌信息查询

告警查询条件模板
临时模板
遥信封锁
遥信变位＋遥控操作
遥信变位＋遥控操作+SOE
2小时过流信号（配调）
遥信置数
2012数据查询2012
其他变位
PAS告警
数据不刷新
开关变位
电流越限
前置工况
值班工况
遥测越限
告警信息
厂站工况
通道工况
数据停滞

综合查询　单表查询

查询成功,共查到18条记录,当前页18条记录

微机保护设备置牌操作
微机保护遥信操作
拆搭操作
旁路代告警
模拟开关告警
模拟拆搭告警
模拟置牌告警
模拟跳线告警
稳定监控告警
置牌操作
计划值事件
设备操作
设备越限
调档操作
负荷预报告警
负荷预报操作
跳线操作
遥信变位
遥信操作

查询时间范围
起始时间　本年本月今日0时0分0秒
结束时间　本年本月今日23时59分59秒

查看最近记录
最新告警记录数:　100

全部选中　清空　查询告警

	检索域名	检索条件
1	间隔ID	
2	所属开关站	
3	告警确认状态	
4	内容	包含 负荷开关

查询条件　查询结果

④ 置位信息查询

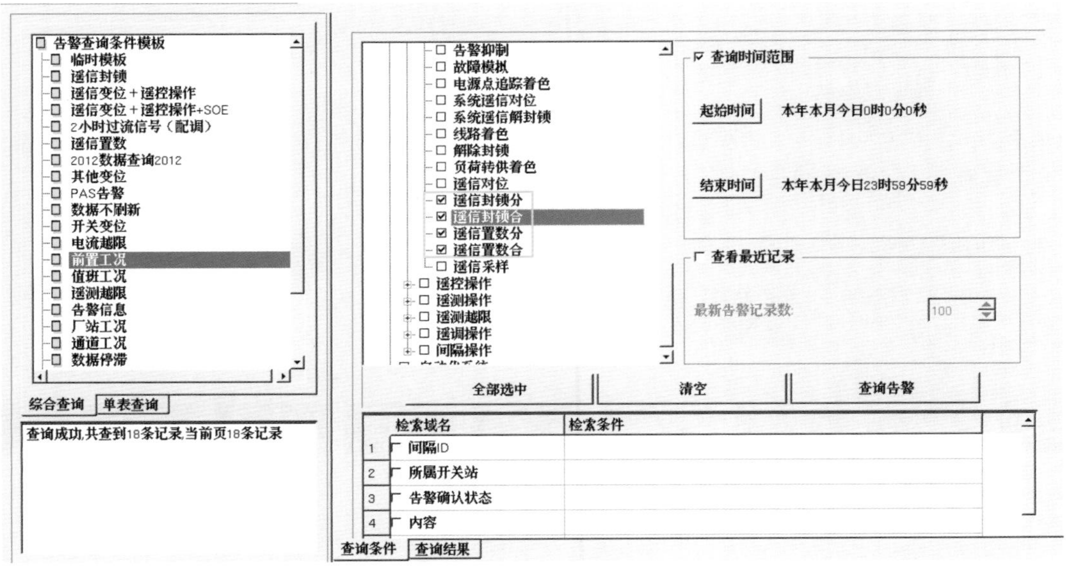
告警查询条件模板
临时模板
遥信封锁
遥信变位+遥控操作
遥信变位+遥控操作+SOE
2小时过流信号（配调）
遥信置数
2012数据查询2012
其他变位
PAS告警
数据不刷新
开关变位
电流越限
前置工况
值班工况
遥测越限
告警信息
厂站工况
通道工况
数据停滞
综合查询
单表查询
查询成功,共查到18条记录,当前页18条记录
告警抑制
故障模拟
电源点追踪着色
系统遥信对位
系统遥信解封锁
线路着色
解除封锁
负荷转供着色
遥信对位
遥信封锁分
遥信封锁合
遥信置数分
遥信置数合
遥信采样
遥控操作
遥测操作
遥测越限
遥调操作
间隔操作
查询时间范围
起始时间
本年本月今日0时0分0秒
结束时间
本年本月今日23时59分59秒
查看最近记录
最新告警记录数:
100
全部选中
清空
查询告警
检索域名
检索条件
1 间隔ID
2 所属开关站
3 告警确认状态
4 内容
查询条件
查询结果

（二）“三遥”及标志牌操作

1. 遥信

（1）概念

遥信是采集并传送各种保护和开关量信息的远程信号。在配电自动化系统中通常用于指示开关的位置、保护装置的动作情况、通信设备的运行状况等。

（2）遥信信息分类

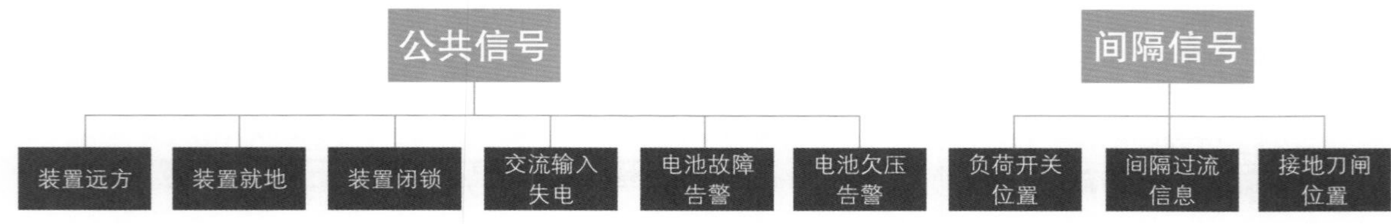

① 公共信号

装置远方状态：装置远方指示灯呈绿色，装置就地指示灯呈红色。此状态下可以遥控操作，不能就地操作。

装置就地状态：装置就地指示灯呈绿色，装置远方指示灯呈红色。此状态下可以就地操作，不能遥控操作。

装置闭锁状态：装置远方指示灯和装置就地指示灯均呈红色。此状态下遥控、就地均不能操作。

交流输入失电：当站所终端交流输入失电时指示灯呈红色，表示站所终端失去交流供电电源。

电池故障告警：当站所终端电池故障时指示灯呈红色，表示站所终端蓄电池发生故障。

电池欠压告警：当站所终端电池欠压时指示灯呈红色，表示站所终端内蓄电池直流电压低于正常值范围下限。

② 间隔信号

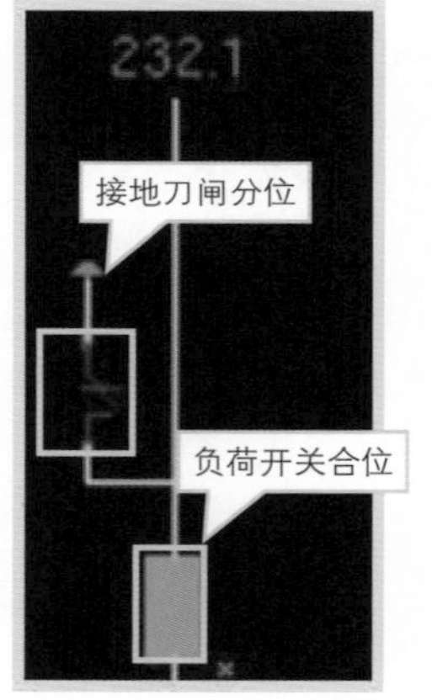

单点遥信原理图

主遥信接点位置	接地刀闸位置
1	合位
0	分位

双位遥信原理图

主遥信接点位置	辅遥信接点位置	负荷开关位置
1	1	坏数据
1	0	合位
0	1	分位
0	0	坏数据

负荷开关位置：负荷开关采用的是双位遥信，双位遥信是采集主遥信和辅遥信接点位置来表示一个遥信量。实心表示负荷开关合位，空心表示负荷开关分位。

接地刀闸位置：接地刀闸采用的是单点遥信，单点遥信是采集主遥信接点位置来表示一个遥信量。闭合表示接地刀闸合位，打开表示接地刀闸分位。

间隔过流信号：当故障信号所指示的线路发生过流时，故障信号图元会变成红色。

（3）遥信状态分析

① 正常

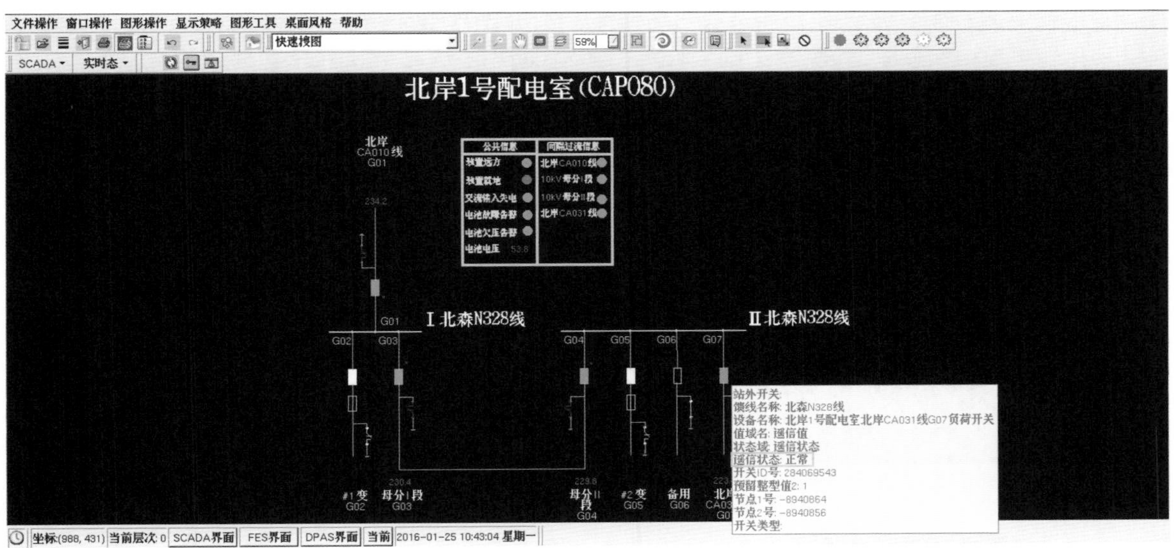

文件操作 窗口操作 图形操作 显示策略 图形工具 桌面风格 帮助
快速搜图
59%
SCADA
实时态
北岸1号配电室(CAP080)
北岸
CA010线
G01
公共信息
装置远方
装置就地
交流输入失电
电池故障告警
电池欠压告警
电池电压 53.8
北岸CA010线
10kV母分I段
10kV母分II段
北岸CA031线
234.2
G01
I 北森N328线
II 北森N328线
G02
G03
G04
G05
G06
G07
230.4
229.8
#1变
G02
母分I段
G03
母分II段
G04
#2变
G05
备用
G06
站外开关
馈线名称: 北森N328线
设备名称: 北岸1号配电室北岸CA031线G07负荷开关
值域名: 遥信值
状态域: 遥信状态
遥信状态: 正常
开关ID号: 284069543
预留整型值2: 1
节点1号: -8940864
节点2号: -8940856
开关类型
坐标(988, 431)
当前层次: 0
SCADA界面
FES界面
DPAS界面
当前
2016-01-25 10:43:04 星期一

② 工况退出

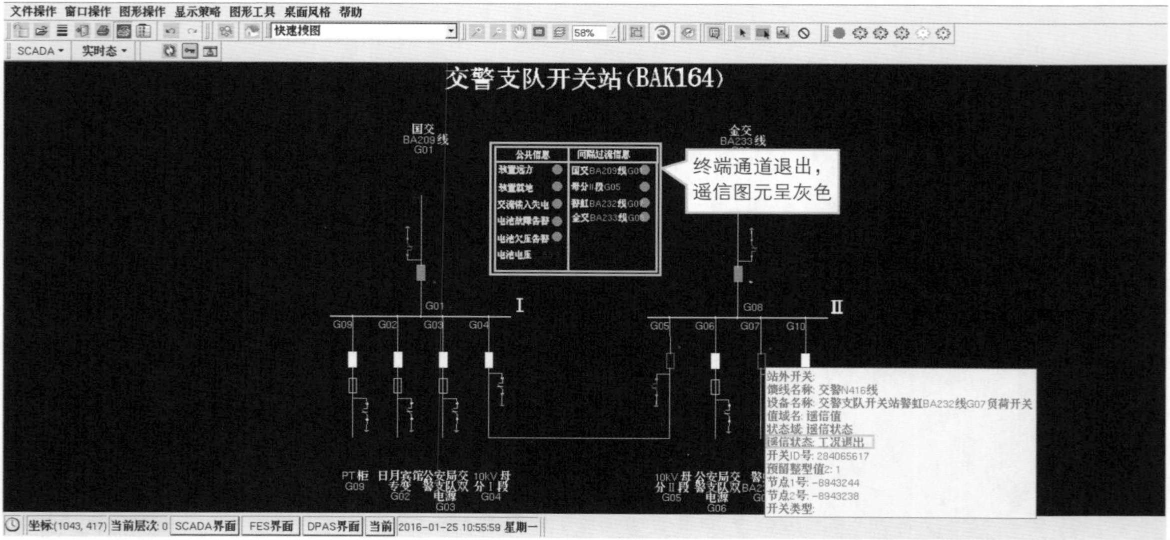

交警支队开关站(BAK164)

终端通道退出，
遥信图元呈灰色

站外开关:
馈线名称: 交警N416线
设备名称: 交警支队开关站警虹BA232线G07负荷开关
值域名: 遥信值
状态域: 遥信状态
遥信状态: 工况退出
开关ID号: 284065617
预留整型值2: 1
节点1号: -8943244
节点2号: -8943238
开关类型:

③ 开关遥信坏数据

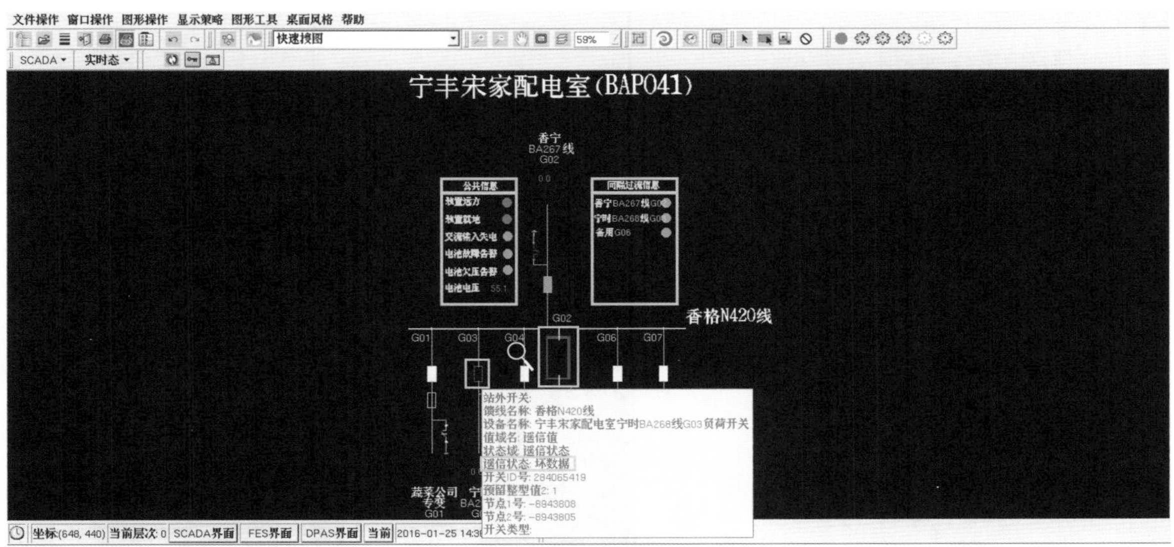
文件操作 窗口操作 图形操作 显示策略 图形工具 桌面风格 帮助
快速搜图
59%
SCADA
实时态
宁丰宋家配电室(BAP041)
香宁
BA267线
G02
公共信息
独置远方
独置就地
交流输入失电
电池故障告警
电池欠压告警
电池电压
55.1
间隔过流信息
香宁BA267线G0
宁时BA268线G0
备用G06
G02
香格N420线
G01
G03
G04
G06
G07
站外开关:
馈线名称: 香格N420线
设备名称: 宁丰宋家配电室宁时BA268线G03负荷开关
值域名: 遥信值
状态域: 遥信状态
遥信状态: 坏数据
开关ID号: 284065419
预留整型值2: 1
节点1号: -8943808
节点2号: -8943805
开关类型:
蔬菜公司
专变
G01
坐标(648, 440)
当前层次: 0
SCADA界面
FES界面
DPAS界面
当前
2016-01-25 14:3

④ 开关遥信置数

适用情境1： 针对非自动化开关，当主站位置与实际位置不同时，将开关置位，以保持与实际位置的一致性，保证拓扑的正确性。

适用情境2： 通过对开关进行遥信置数操作，来验证电网拓扑是否正确。

补充说明： 若将自动化开关遥信置数，短时间内开关保持置数后的状态，但配电终端上送不同的位置信号时，其开关位置会自动更新为新上送的位置信号。

操作步骤： 将鼠标放置在相应的负荷开关或接地刀闸上，右键单击“遥信封锁”，点击“遥信置数（分）/遥信置数（合）”。

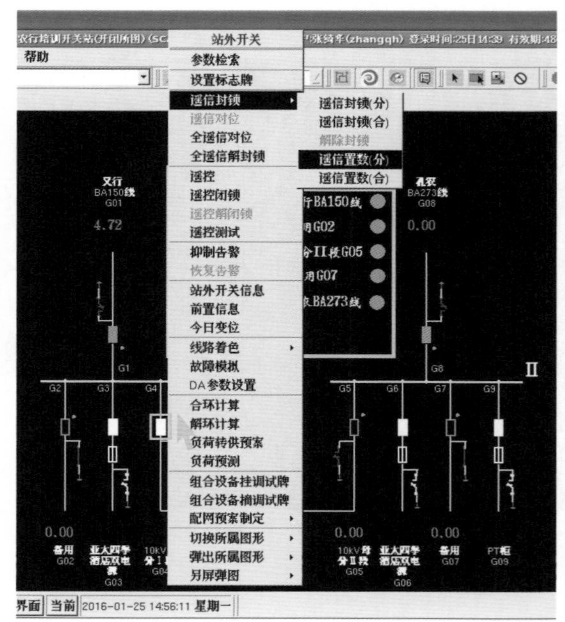

⑤ 开关遥信封锁

适用情境：一般用于当负荷开关坏数据或已自动化改造的间隔位置不正确时，将其封锁，以保持主站与实际开关位置状态一致，保证拓扑的正确性。

补充说明：将任一开关位置封锁，开关会始终保持封锁后的状态，即使终端上送变位信号，其开关位置也不会随遥信变位信号而改变。

操作步骤：将鼠标放置在相应的负荷开关或接地刀闸上，右键单击“遥信封锁”，点击“遥信封锁（分）/遥信封锁（合）”。

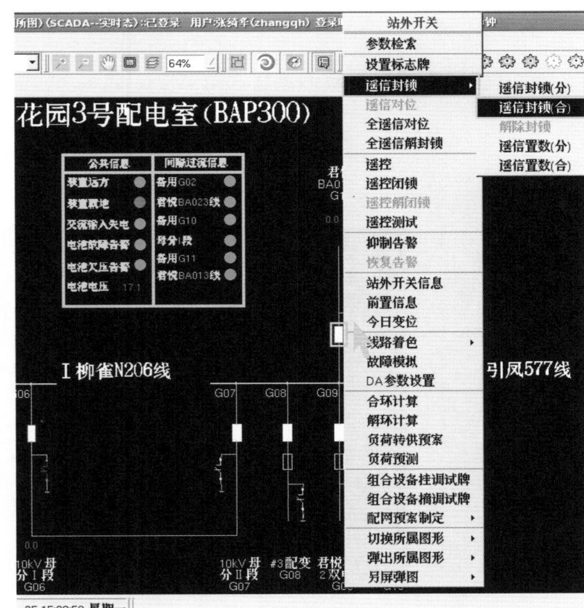

2. 遥测

（1）概念

遥测是采集并传送各种电气量的远程测量数据，通常用于显示各种电气量（线路上的电压、电流、功率等量值）。

（2）遥测信息分类

间隔电流： 显示间隔的电流值。
电池电压： 显示站所终端中蓄电池的电压值，正常数值范围是48~55V。

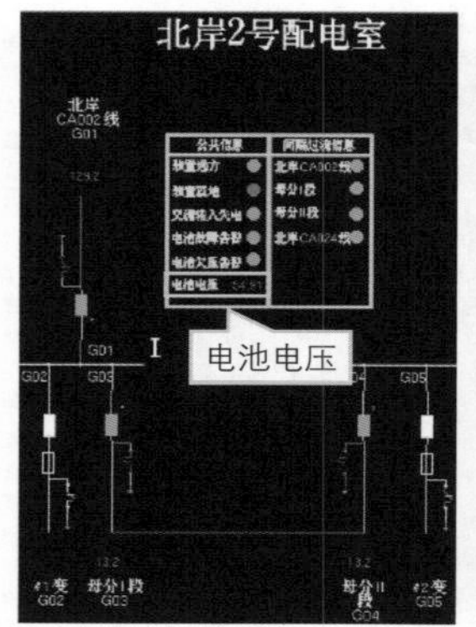

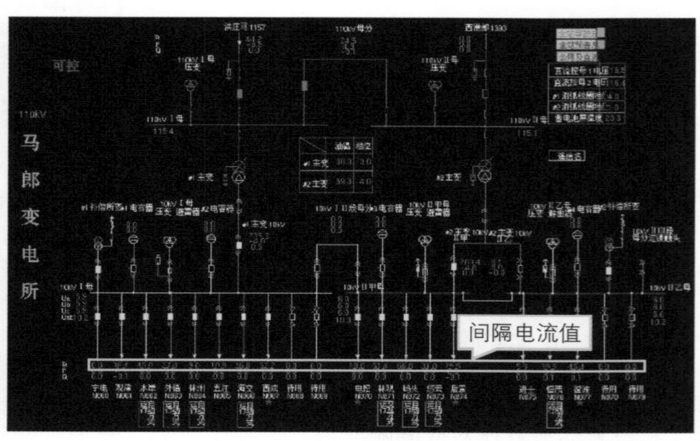

（3）遥测状态分析

①正常

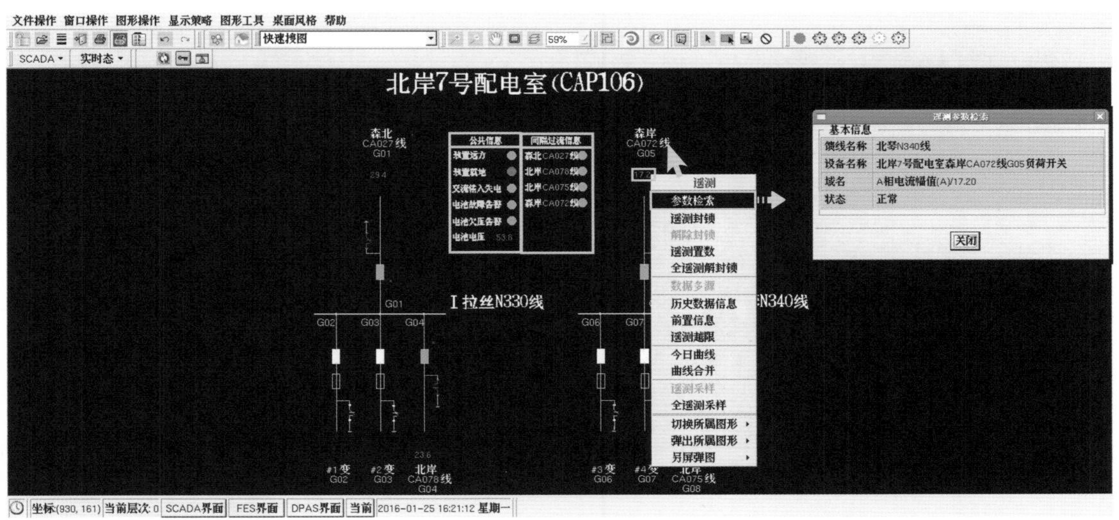

将鼠标放置在对应间隔的电流值上，右键单击“参数检索”，会弹出界面，从中可以读取遥测状态。

② 工况退出

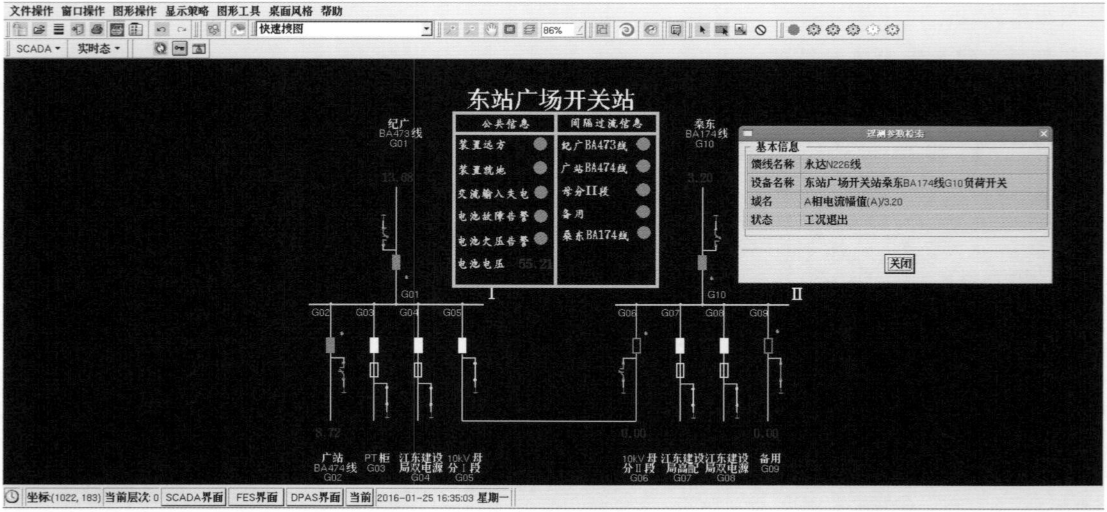

遥测参数检索

基本信息

馈线名称	永达N226线
设备名称	东站广场开关站桑东BA174线G10负荷开关
域名	A相电流幅值(A)/3.20
状态	工况退出

关闭

通道退出时，画面上的遥测数据会保持在通道退出之前的数据，直至下一次通道投入后数据会被重新采集覆盖。

（4）遥测曲线查看

① 遥测曲线：查看间隔电流曲线

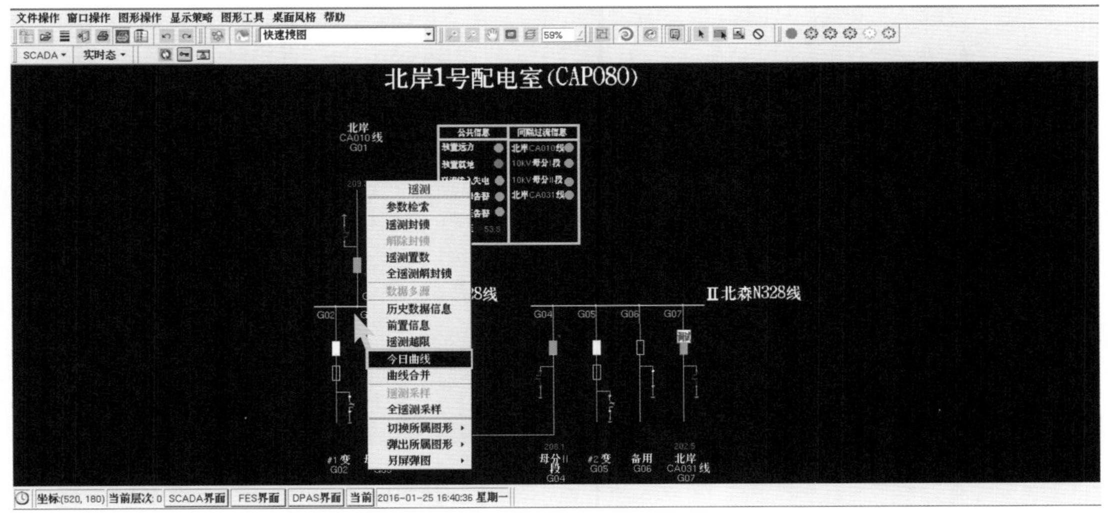

将鼠标移至需要查看的间隔电流值上，右键单击，并点击“今日曲线”即可查看。

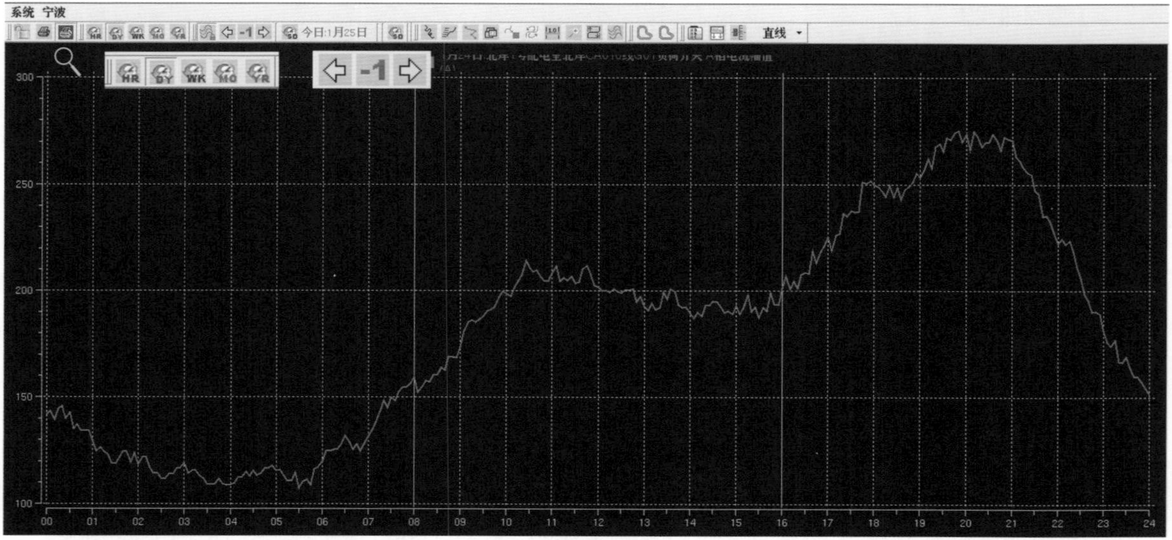

⇦ -1 ⇨：可以通过前后按钮查看不同日期的电流曲线。

HR DY WK MO YR：可以通过此排按钮查看以小时、日、周、月、年为时间单位对间隔的电流进行统计的曲线。

② 曲线合并比较

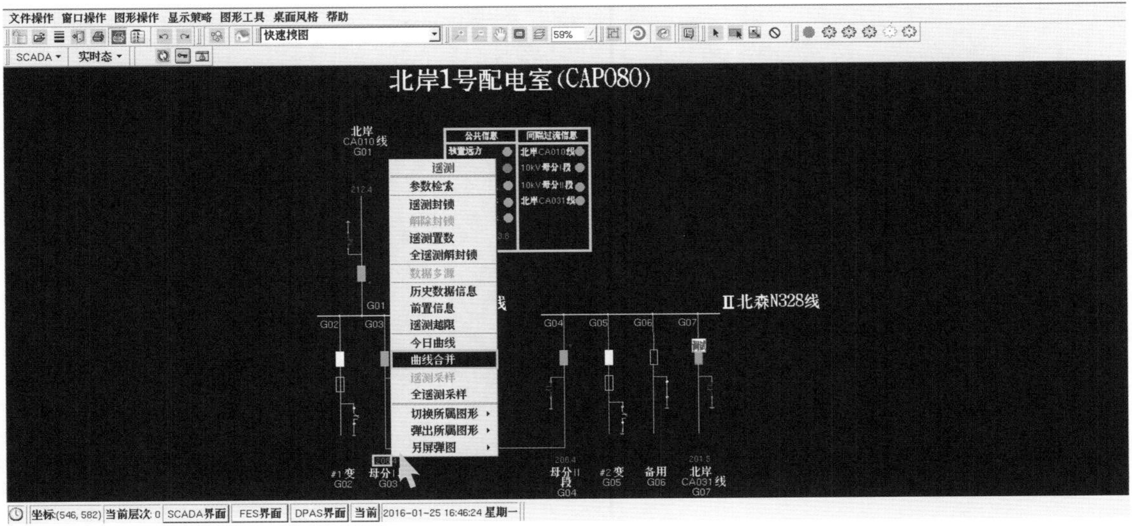

在已查看一个间隔电流曲线的前提下，将鼠标移至需要进行比较的间隔电流处，右键单击，点击“曲线合并”即可查看。

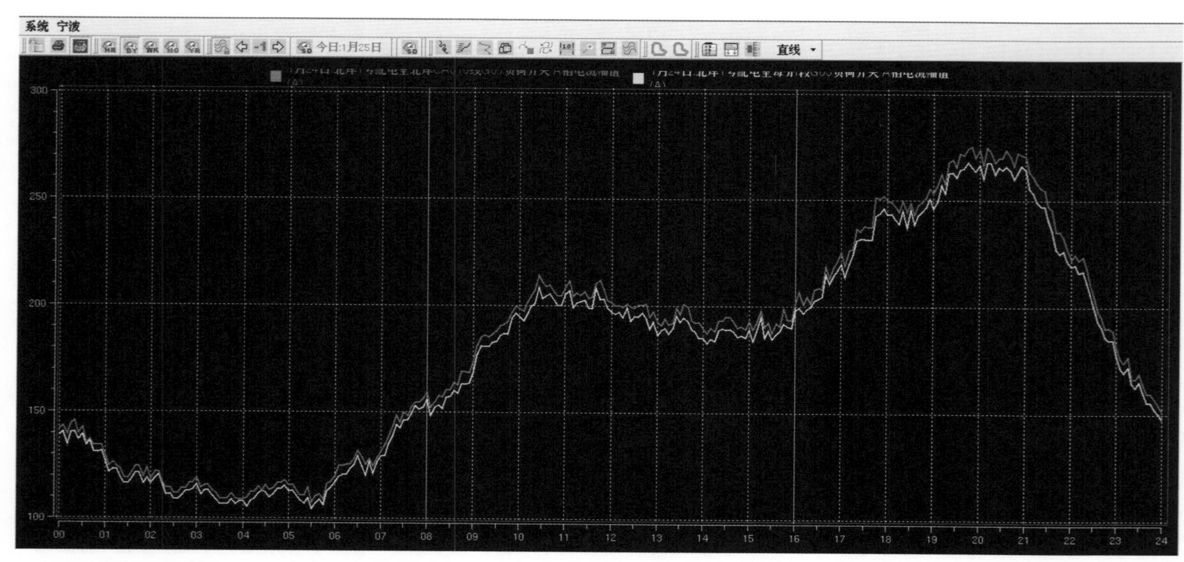

可以将不同间隔的电流进行合并比较。

③ 电流峰值、平均值查看

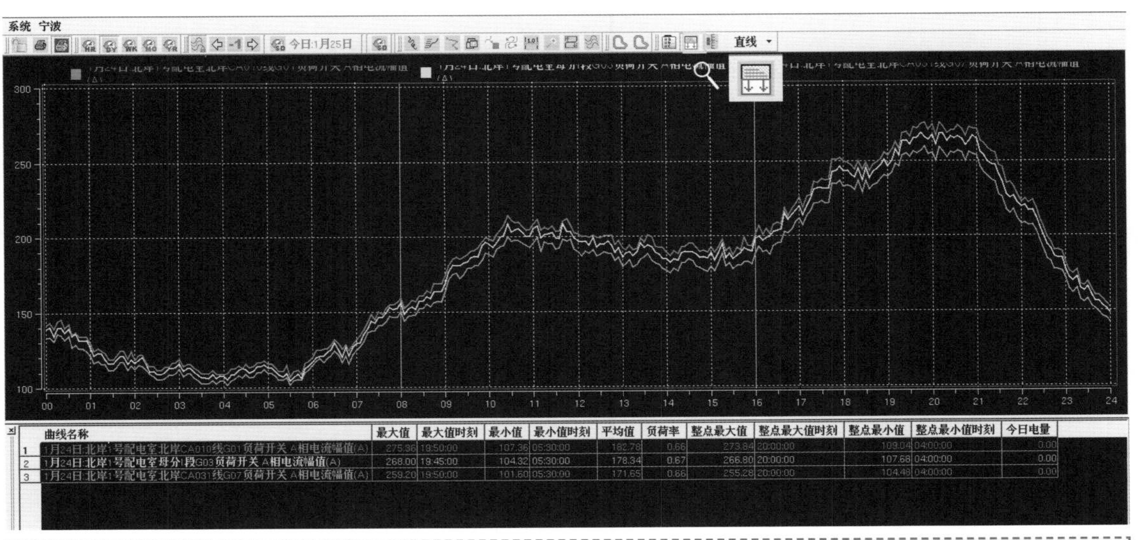

单击“显示极值列表”按钮，可以查看不同间隔电流的平均值、峰值及其相关信息，便于主站人员分析、比较。

3. 遥控

（1）概念

遥控是对远方的开关设备进行远程控制，主要有分闸、合闸两种。

（2）遥控操作准备

遥控操作前需确认的自动化事项：

√ 确认开关遥信状态是否正常：开关遥信状态显示为绿色则为正常。

√ 确认间隔是否可遥控：看间隔旁边是否有可遥控的标志，例如“*”（若遥控对点，则无需此步骤）。

√ 确认间隔命名是否正确：确定间隔现场命名是否与系统中的开关命名相同（遥控对点时需要）。

（3）遥控操作执行

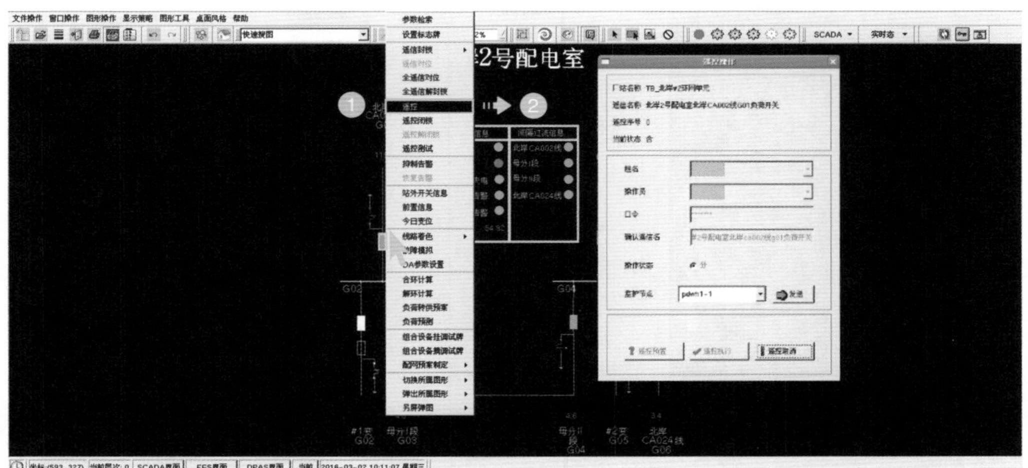

1. 将鼠标移至需要遥控的间隔开关处，右键单击“遥控”。
2. 进入遥控操作界面，选择组名、操作员，输入口令和遥信间隔名称，点击“发送”，将指令发送给监护员。

3. 等待监护员确认。
4. 监护员通过。

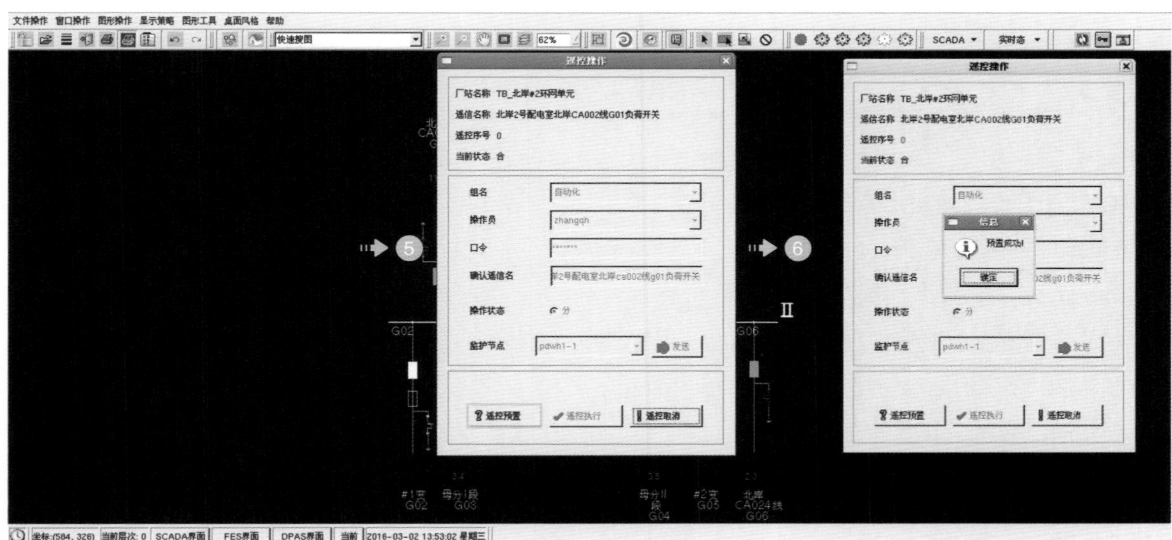

5. 点击“遥控预置”。
6. 预置成功。

遥控操作
厂站名称 TB_北岸#2环网单元
通信名称 北岸2号配电室北岸CA002线G01负荷开关
遥控序号 0
当前状态 合
组名
自动化
操作员
zhangqh
口令
确认通信名
操作状态
分
监护节点
pdwh1-1
发送
遥控预置
遥控执行
遥控取消

7. 点击“遥控执行”。

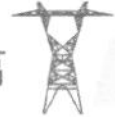

（4）遥控操作确认

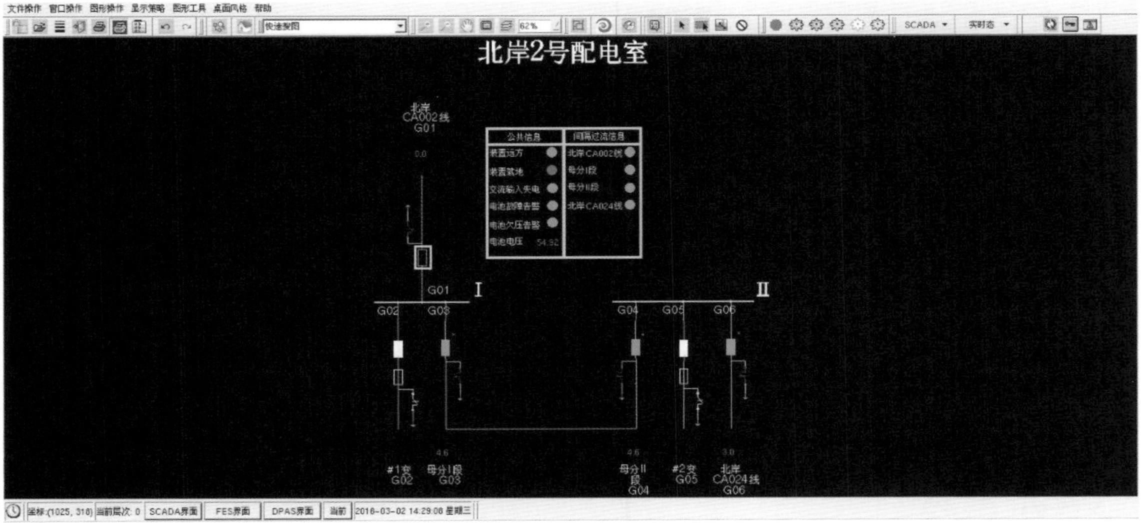
文件操作 窗口操作 图形操作 显示策略 图形工具 桌面风格 帮助
快速整图
62%
SCADA
实时态
北岸2号配电室
北岸
CA002线
G01
0.0
公共信息
装置远方
装置就地
交流输入失电
电池故障告警
电池欠压告警
电池电压 54.92
间隔过流信息
北岸CA002线
母分I段
母分II段
北岸CA024线
G01
I
II
G02
G03
G04
G05
G06
4.6
4.6
3.0
#1变
G02
母分I段
G03
母分II
段
G04
#2变
G05
北岸
CA024线
G06
坐标:(1025, 318)
当前层次: 0
SCADA界面
FES界面
DPAS界面
当前
2016-03-02 14:29:08 星期三

遥控执行后需对遥控结果进行确认：遥控间隔开关遥信位置、遥测数据发生变化，告警窗中有正确的告警信息上传。遥控对点中，需在已经正确对点的开关靠母线侧加上可遥控的标志，例如“*”。

（5）遥控缺陷管理

若遥控失败，主站侧应在相应间隔上挂上调试牌，进行备注，并将缺陷录入生产管理系统中，发起缺陷流程，进行消缺工作。

4. 标志牌

（1）概念

为了对开关进行特殊状态指示和操作而挂设的状态牌。

（2）标志牌分类

- 检修*
- 运行
- 电源点
- 调试*
- 保供电
- DA闭锁*
- 故障
- 备用
- 接地

常用标志牌

- 检修：一般用于开关检修的情况。挂检修牌的开关不可以操作，遥控闭锁。
- 调试：一般用于开关调试的情况。挂调试牌的开关可以操作，遥控不闭锁，馈线自动化闭锁。
- DA闭锁：一般用于非转供点的间隔。挂DA闭锁牌的开关在全自动馈线自动化中，不会成为转供点。

（3）标志牌操作

① 标志牌挂设

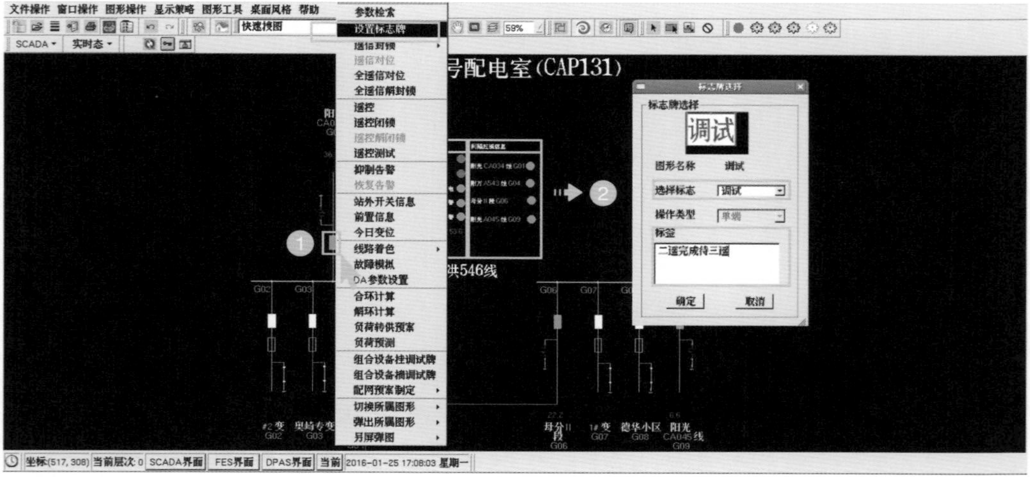

1. 右键单击需要挂标志牌的开关，点击“设置标志牌”。
2. 选择相应的标志牌（例如“调试”），可在“标签”栏添加备注，点击“确定”。

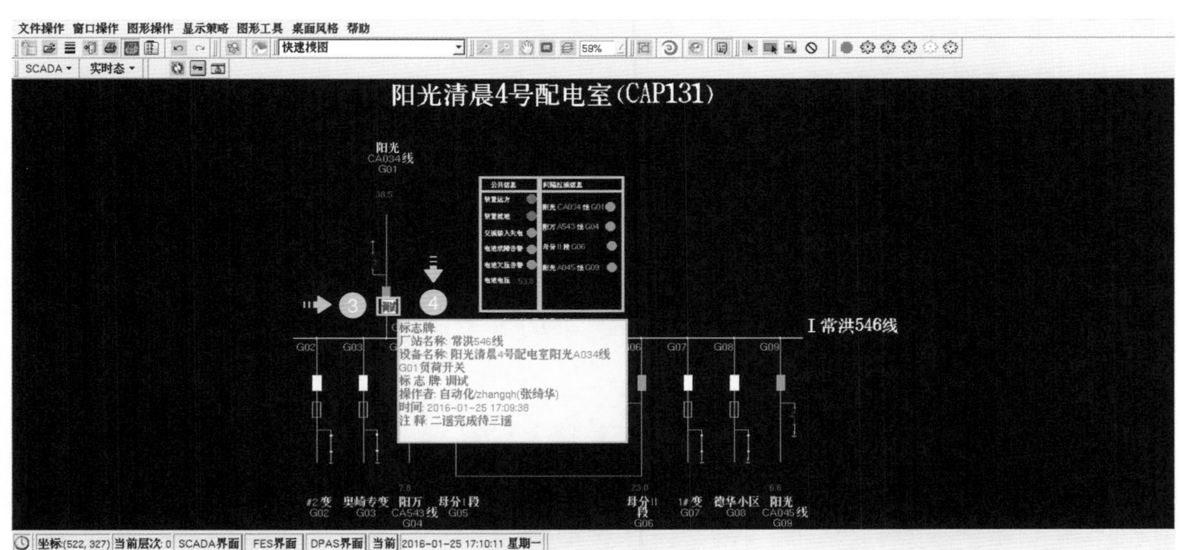

3. 应将标志牌悬挂在开关靠近母线侧，紧贴开关的位置。
4. 悬挂好后，可将鼠标放置在相应的标志牌上查看信息。

② 标志牌其他操作

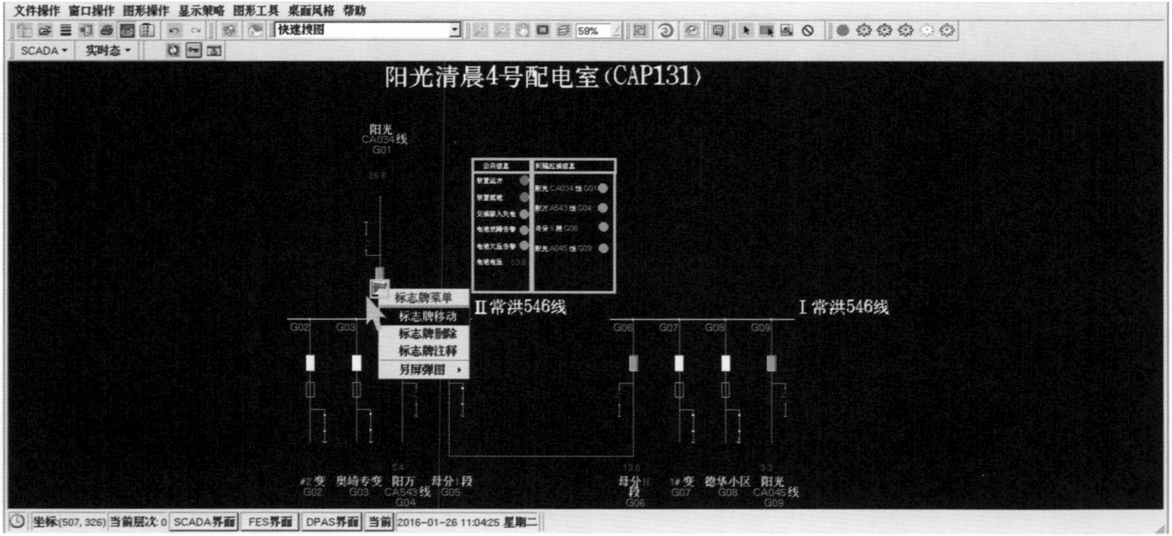

将鼠标放置在需要操作的标志牌上，单击右键，可以对标志牌进行移动、删除或添加注释。

（三）图模异动

1. 异动流程

重要性： 配电自动化系统中的专题图与调度操作息息相关，需要保证图模的正确性与实时性。

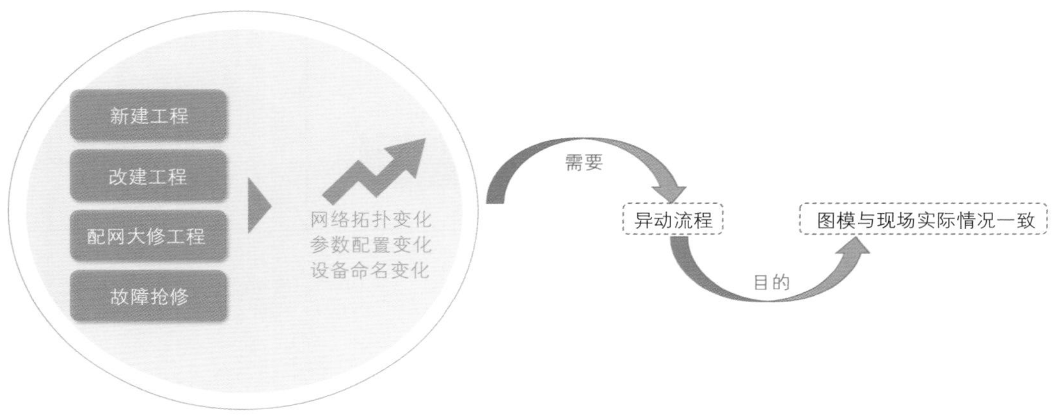

（1）相关班组职责

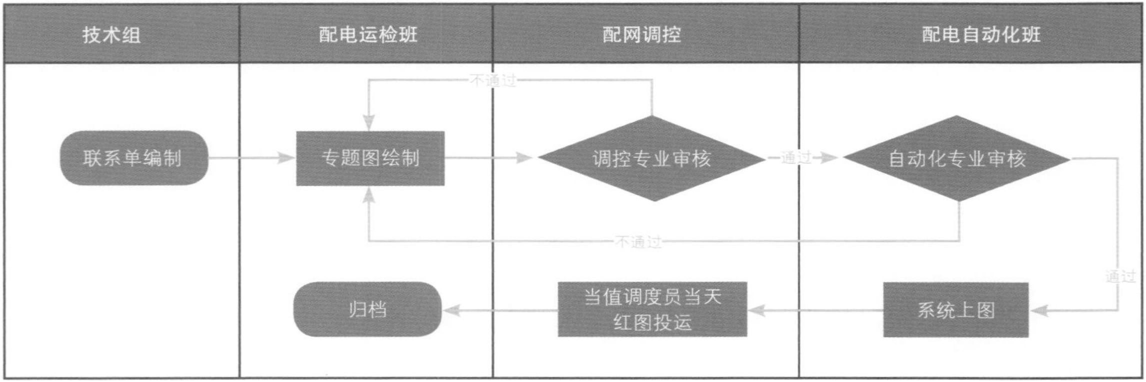

技术组	配电运检班	配网调控	配电自动化班
联系单编制	专题图绘制	调控专业审核（不通过→专题图绘制；通过→自动化专业审核）	自动化专业审核（不通过→专题图绘制；通过→系统上图）
	归档	当值调度员当天红图投运	系统上图

异动流程图

(2)关键时间节点

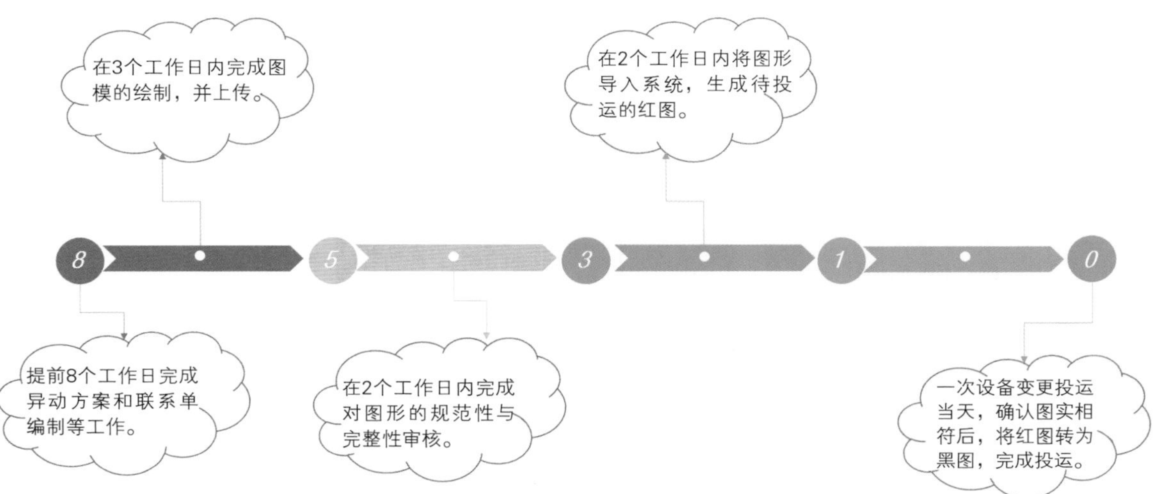
在3个工作日内完成图模的绘制，并上传。
在2个工作日内将图形导入系统，生成待投运的红图。
8
5
3
1
0
提前8个工作日完成异动方案和联系单编制等工作。
在2个工作日内完成对图形的规范性与完整性审核。
一次设备变更投运当天，确认图实相符后，将红图转为黑图，完成投运。

2. 图模审核

（1）正确性审核

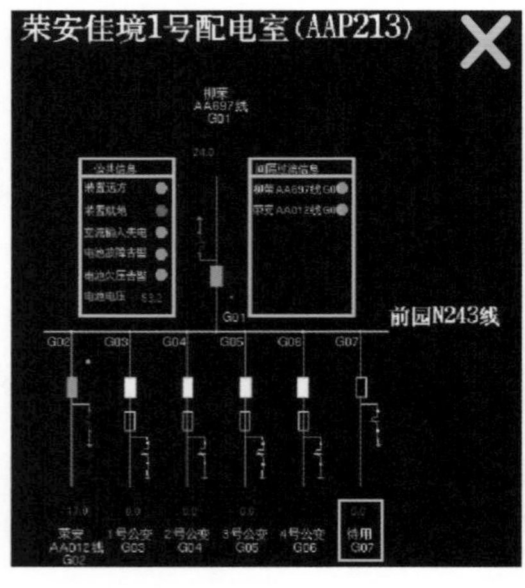

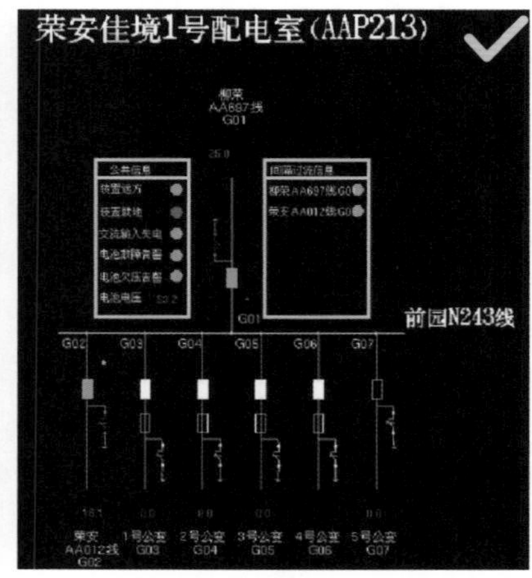

常见的错误类型有：

1）间隔名称未变更；

2）柜号不对应；

3）间隔与关联的电流不匹配。

此配电室G07间隔已接入公用变压器，图形需要变更。

（2）美观性审核

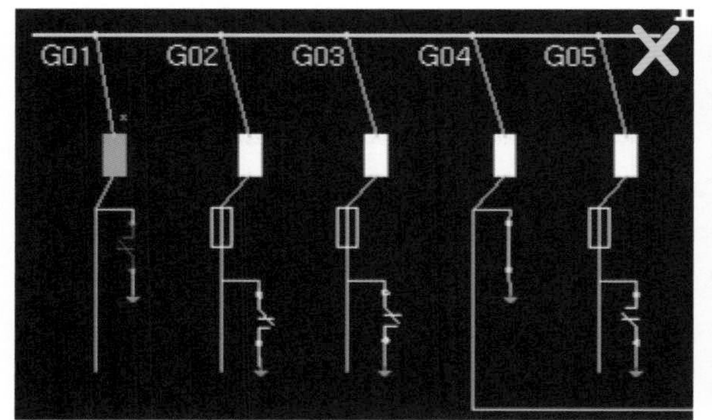

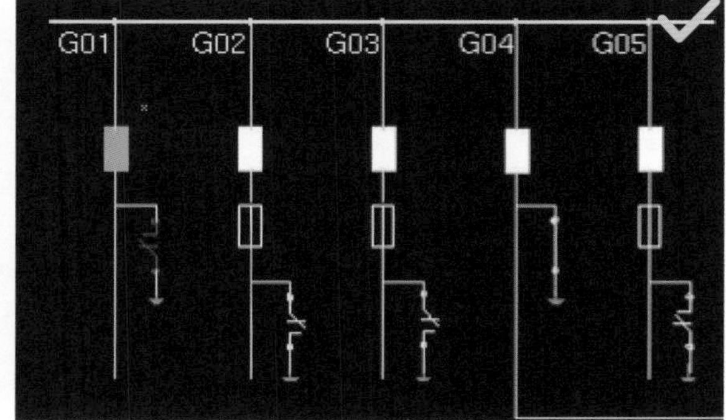

常见的不美观的类型：

1）连接线歪斜；

2）标注文字重叠或偏移；

3）遥控“*”标志偏移。

3. 图模投运

1. 在主界面上左键单击“红图投运”按钮。
2. 在弹出界面中，左键单击左上角黄色的锁形按钮，进行用户登录。

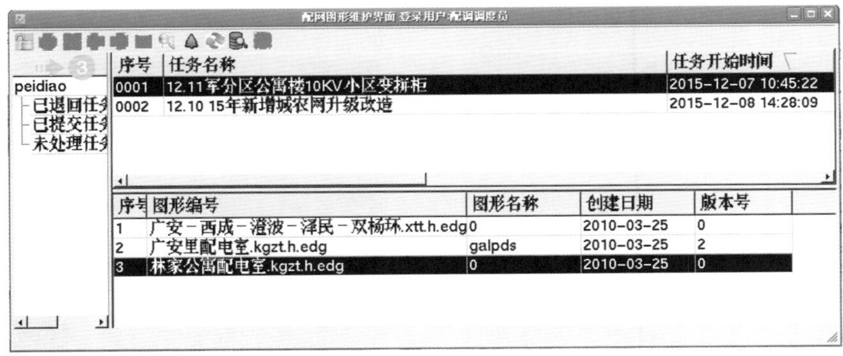

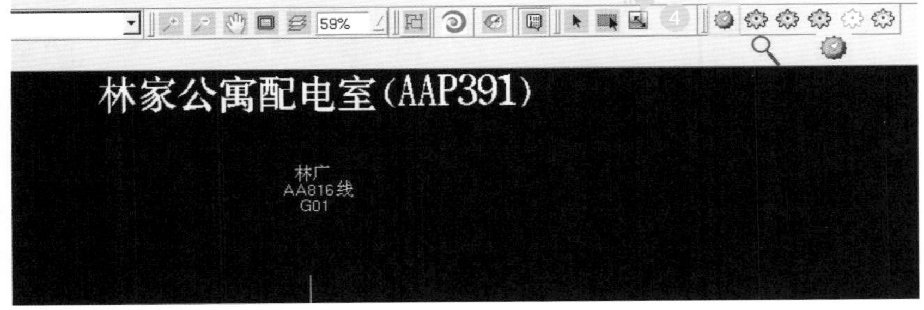

3. 左键单击需要投运的任务名称，在下面的列表中，双击需要投运的图形。

4. 在弹出的界面中，左键单击 ◎（红图投运）完成图形的投运。

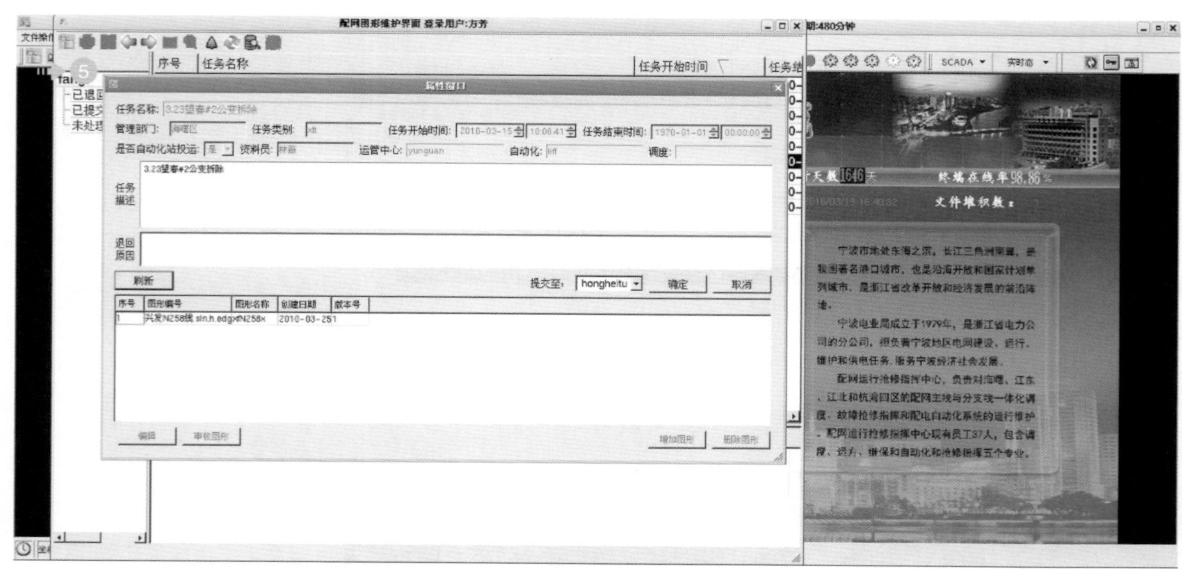

5. 在所有图形都投运完成后，对任务项进行归档。

（四）馈线自动化操作

1. 基本操作

（1）馈线自动化运行状态查看

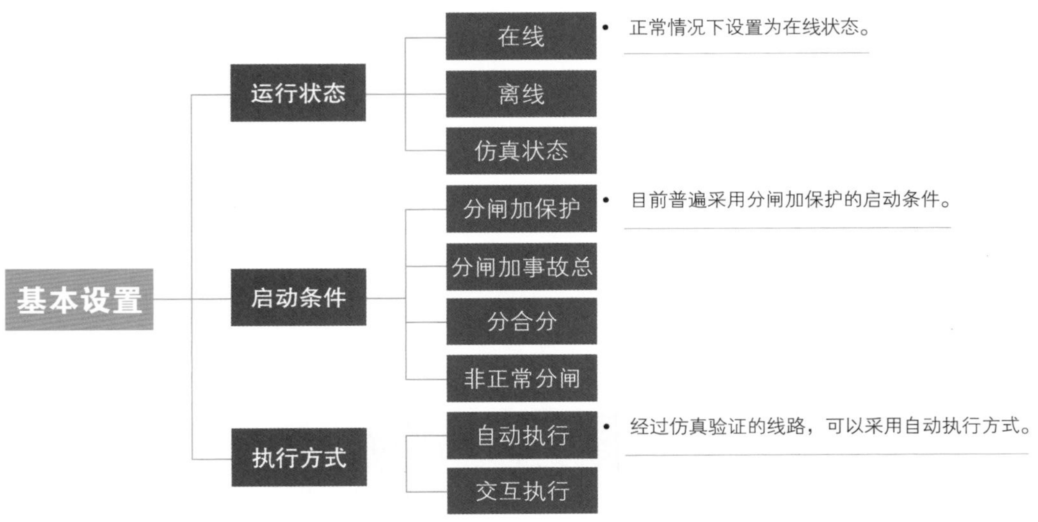

① 通过系统联络图查看

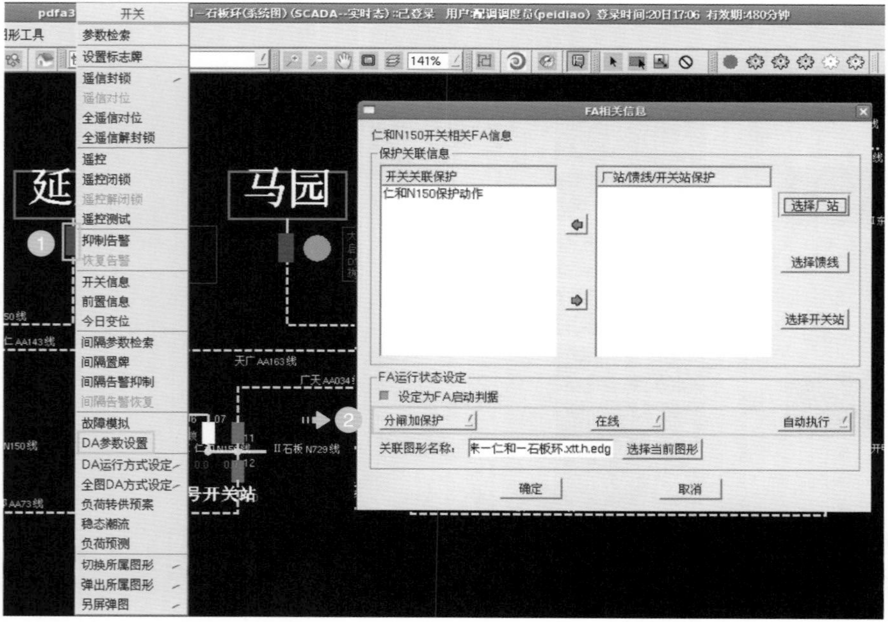

1. 右键单击变电站出口断路器，选择菜单栏下的“DA参数设置”。
2. 在对话框中查看运行状态。

② 通过厂站接线图查看

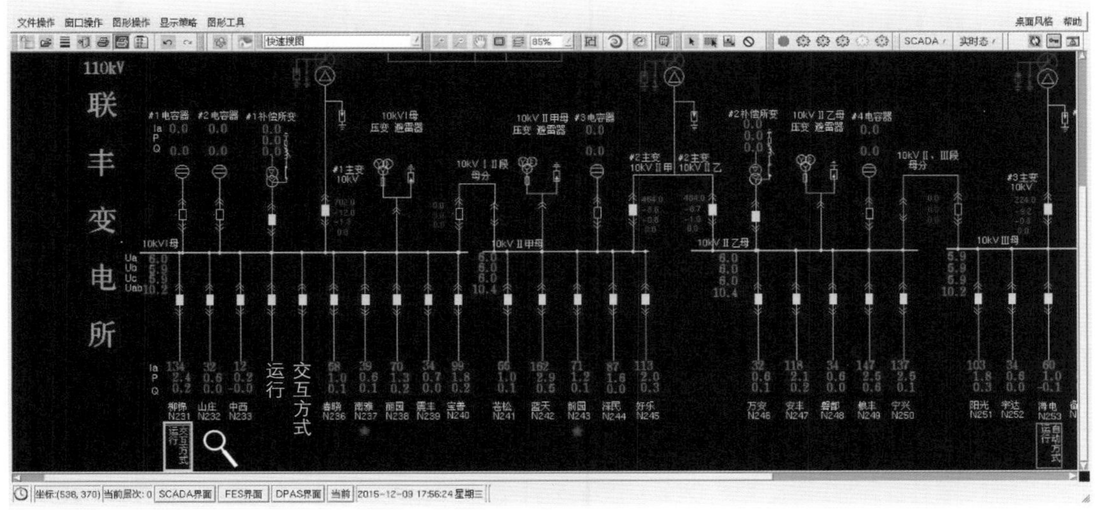

10kV馈线下方有馈线自动化运行状态显示栏，可以进行查看。

（2）馈线自动化历史记录查询

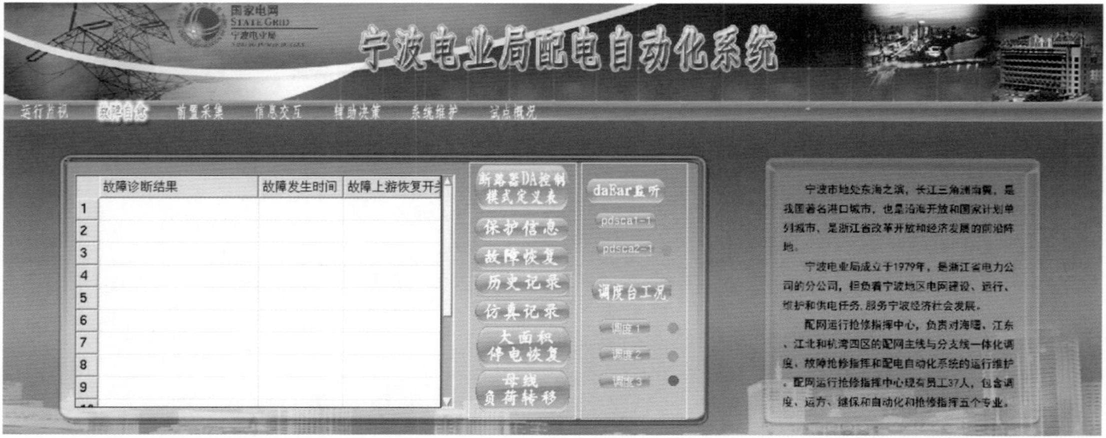

每一次馈线自动化启动运行情况均会在系统中自动存档，运行维护人员可对记录进行查询分析。掌握馈线自动化历史记录的查询方法，是提升馈线自动化应用水平的有效手段。点击“历史记录”，可进入界面查看详细信息。

左侧栏列表记录了所有历史故障的发生时间和故障线路名称等信息，可以点击每一项进行查看。

故障综述：描述故障基本信息。

运行方式配置：描述启动条件、执行方式、运行状态等信息。

故障区域判定：描述系统判定的故障区域位置。

故障判断依据：描述站点过流信号上传情况。

故障处理过程：描述故障处理的中间过程。

序号	故障发生时刻	
1	2016/1/14 3:20:52	下沁
2	2015/11/27 21:56:3	
3	2015/11/25 22:43:24	北
4	2015/11/24 7:7:53	石
5	2015/11/22 16:18:4	10kV流
6	2015/10/29 15:56:1	
7	2015/10/29 15:40:14	月
8	2015/10/29 12:0:2	观
9	2015/10/29 10:16:8	官
10	2015/10/28 16:0:2	10kV府桥
11	2015/10/28 14:12:4	10kV市府
12	2015/10/24 9:32:11	苗圃
13	2015/10/24 9:30:26	凌沁
14	2015/10/24 9:27:6	望湖
15	2015/10/23 14:7:19	苗圃
16	2015/10/23 14:4:54	凌沁
17	2015/10/22 11:53:47	10kV明
18	2015/10/16 17:26:39	余隘
19	2015/10/16 17:5:19	10kV江
20	2015/10/16 15:7:17	10kV江
21	2015/10/13 9:0:19	洋市
22	2015/10/13 7:10:54	洋市
23	2015/10/2 17:58:1	沁
24	2015/9/30 6:24:16	10kV前
25	2015/9/30 6:19:11	茬松N
26	2015/9/30 6:19:9	苗圃
27	2015/9/16 15:0:11	10kV灵西
28	2015/9/7 11:35:6	航

故障综述　→　事故反演　→　故障信息管理

关键事件

编号	事件内容
1	2015年10月29日15时55分55秒　周宿N406线 东舰福海#1环网单元10kV母分Ⅱ段G07负荷开关 合闸(遥控)
2	2015年10月29日15时55分56秒　东舰福海#1环网单元 东舰福海#1环网单元香格N420线进线G01负荷开关过流故障 动作
3	2015年10月29日15时55分56秒　东舰福海#1环网单元 东舰福海#1环网单元10kV母分Ⅱ段G07负荷开关过流故障 动作
4	2015年10月29日15时55分56秒　东舰福海#1环网单元 东舰福海#1环网单元舰丰BA579线G10负荷开关过流故障 动作
5	2015年10月29日15时55分56秒　宁丰#1开关站 宁丰#1开关站舰丰BA579线G01负荷开关过流故障 动作
6	2015年10月29日15时55分56秒　宁丰#1开关站 宁丰#1开关站宁丰BA012线G03负荷开关过流故障 动作
7	2015年10月29日15时56分01秒　周宿新 香格N420开关 分闸
8	2015年10月29日15时56分01秒　周宿新 香格N420保护动作 动作
9	2015年10月29日15时56分01秒　周宿新 香格N420开关 下游线路故障，系统等待10秒接收故障信号
10	2015年10月29日15时56分05秒　周宿新 香格N420保护动作 复归
11	2015年10月29日15时56分08秒　宁丰#1开关站 宁丰#1开关站宁丰BA012线G03负荷开关过流故障 复归
12	2015年10月29日15时56分08秒　宁丰#1开关站 宁丰#1开关站舰丰BA579线G01负荷开关过流故障 复归
13	2015年10月29日15时56分11秒 系统完成10秒等待开始进行故障定位(江东DMS)
14	2015年10月29日15时56分26秒 系统完成故障定位

事故反演：可以反演故障发生过程，对故障过程进行连续执行或单步执行。

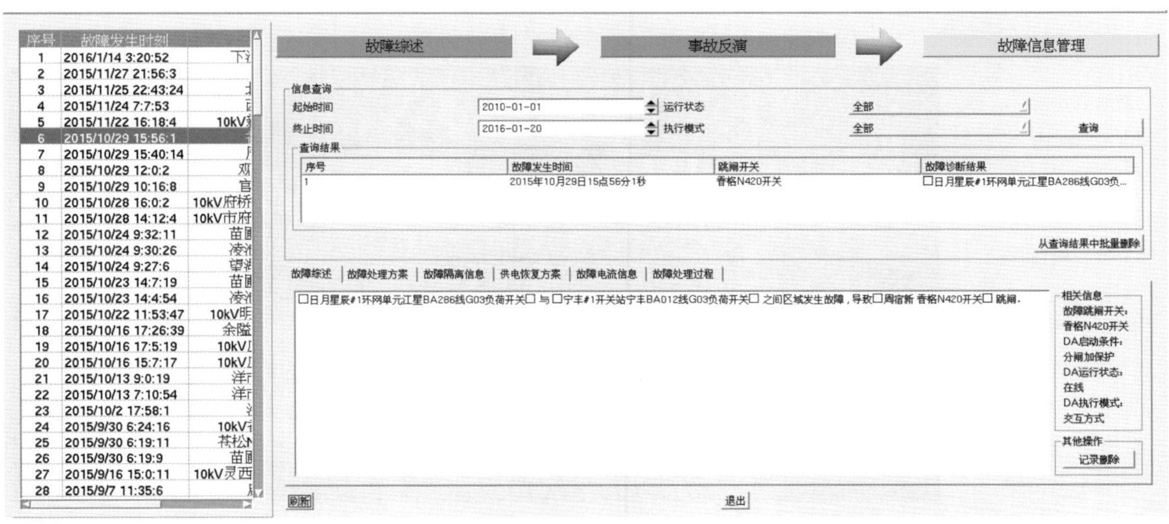

故障信息管理：描述故障的详细信息，并可以对故障记录进行查询、删除等操作。

2. 交互式操作

交互式馈线自动化是指线路的状态处于在线交互执行状态，当故障发生时，馈线自动化程序自动判断故障发生情况，并以交互界面的形式展示判断结果。调控员可以通过交互界面进行故障判断和处理。

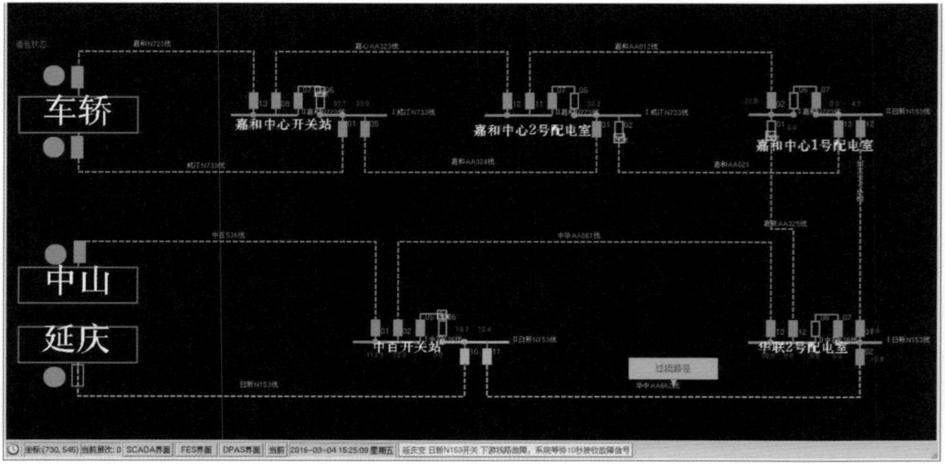

当10kV出线开关跳闸，馈线自动化程序启动，经过延时等待和故障判断，如图所示，系统图下方出现闪烁提示。

馈线自动化程序完成故障判定后，自动弹出故障处理辅助决策界面。界面提供故障区域、隔离方案、上游恢复方案、下游恢复方案以及故障判断依据等信息。

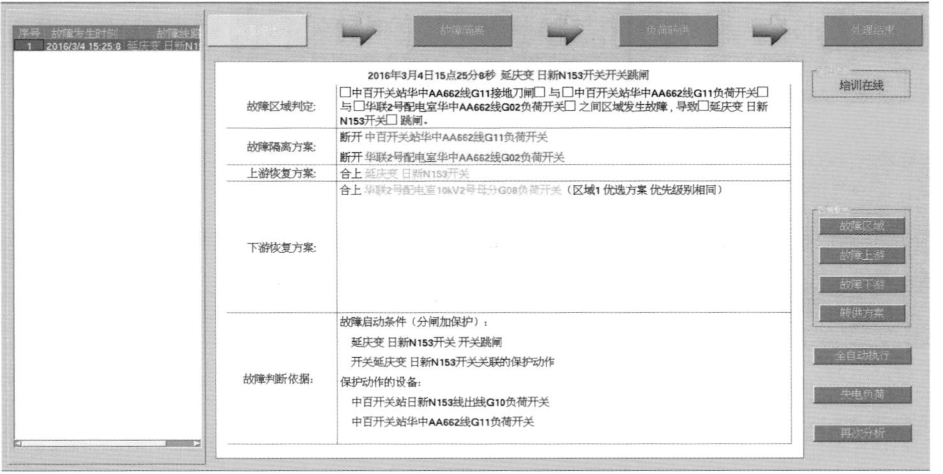

左键单击右侧“故障区域”“故障上游”“故障下游”“转供方案”，可以在系统图中显示相应的区域和方案。

（1）方案审核

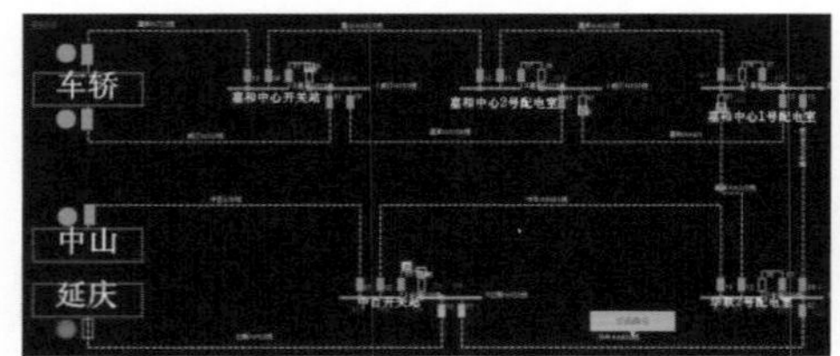

故障上游

故障区域

故障下游

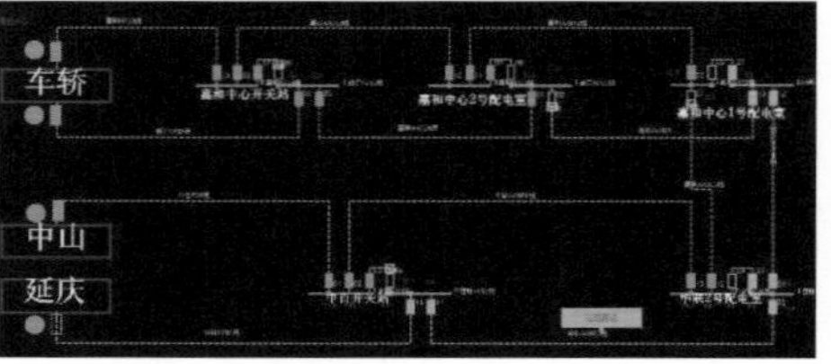

转供方案

调控员审核故障隔离和恢复方案，若方案正确，审核通过，可进行故障处理。

调控员根据故障处理辅助决策界面，可以判断出故障区域。通过故障信息描述，可以了解故障情况；也可以通过点击界面右下角“故障区域”，到相应图形中查看故障情况。

（2）故障处理

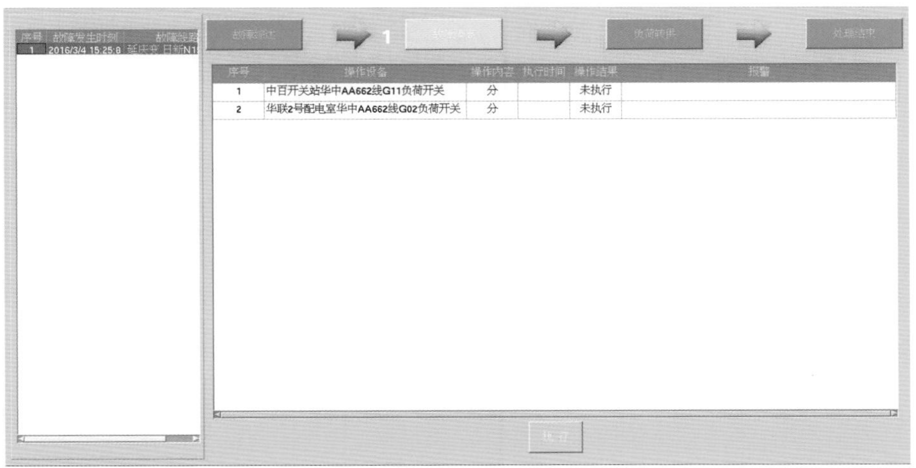

1. 点击“故障隔离”，进入隔离界面。依次选择每一步操作步骤，点击执行。对相应负荷开关进行操作，完成故障隔离。

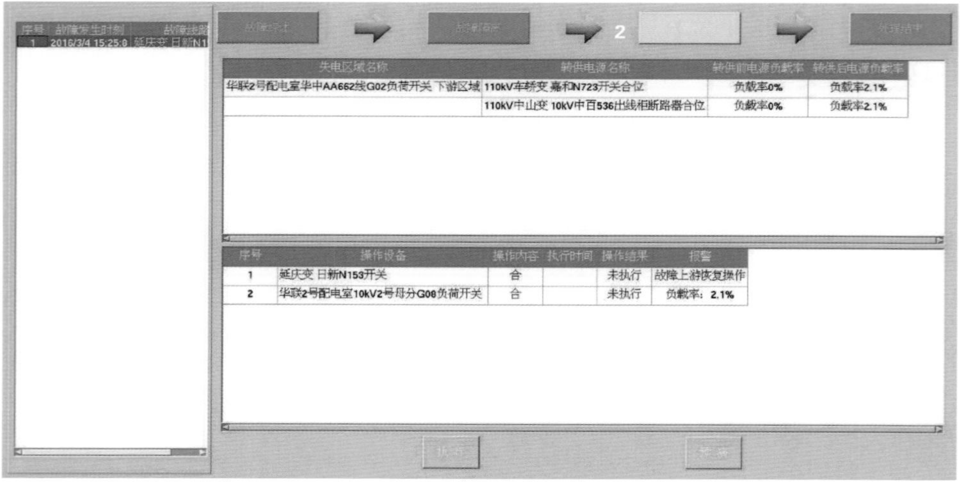

序号	故障发生时刻	故障线路
1	2016/3/4 15:25:8	延庆变 日新N1

2

失电区域名称	转供电源名称	转供前电源负载率	转供后电源负载率
华联2号配电室华中AA662线G02负荷开关 下游区域	110kV车桥变 嘉和N723开关合位	负载率0%	负载率2.1%
	110kV中山变 10kV中百536出线相断路器合位	负载率0%	负载率2.1%

序号	操作设备	操作内容	执行时间	操作结果	报警
1	延庆变 日新N153开关	合		未执行	故障上游恢复操作
2	华联2号配电室10kV2号母分G08负荷开关	合		未执行	负载率：2.1%

2. 点击“负荷转供”，进入转供界面。界面上方显示转供方案，界面下方显示转供方案具体内容。选择上方需要的转供方案，依次选择下方每一个操作步骤，点击执行，对相应负荷开关进行操作，完成负荷转供。

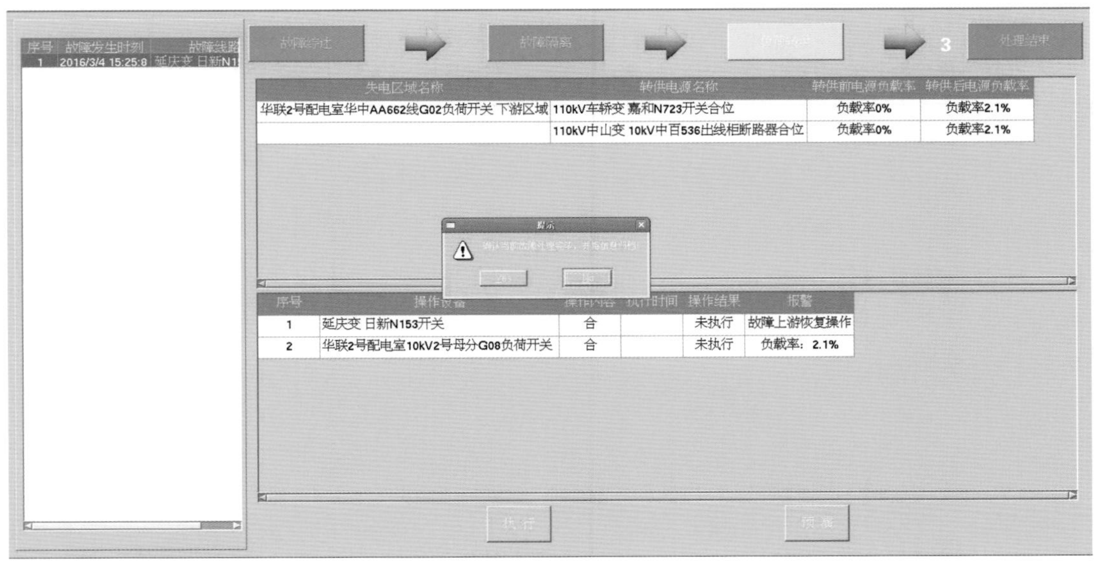

3. 点击“处理结束”，完成故障处理归档。

3. 全自动操作

（1）仿真投运流程

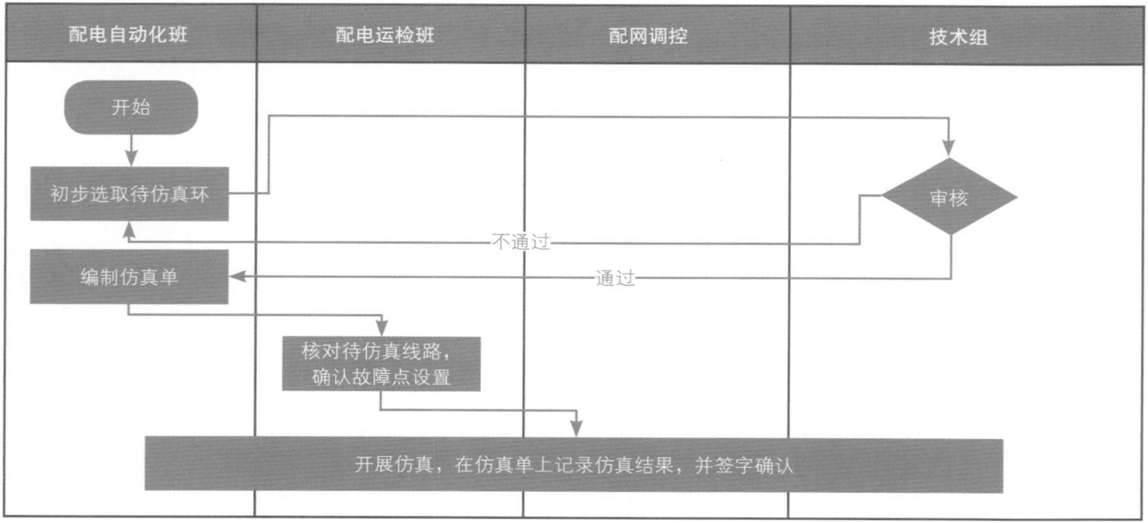

仿真投运流程图（上）

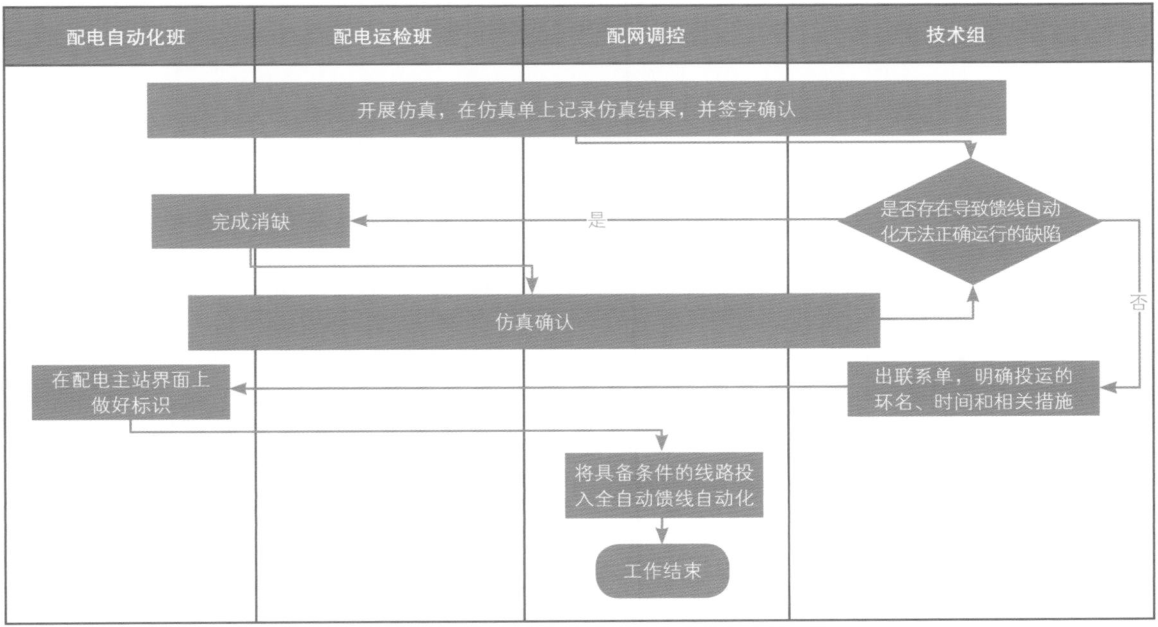

配电自动化班	配电运检班	配网调控	技术组

开展仿真，在仿真单上记录仿真结果，并签字确认

是否存在导致馈线自动化无法正确运行的缺陷

是

完成消缺

仿真确认

否

出联系单，明确投运的环名、时间和相关措施

在配电主站界面上做好标识

将具备条件的线路投入全自动馈线自动化

工作结束

仿真投运流程图（下）

<table>
<tr><th colspan="7">全自动馈线自动化线路投运会签单</th></tr>
<tr><td>系统图名称</td><td colspan="6"></td></tr>
<tr><td>包含线路</td><td colspan="3"></td><td>涉及变电站</td><td colspan="2"></td></tr>
<tr><td>图模核准情况</td><td colspan="2"></td><td>运检班成员</td><td>年 月 日</td><td>运检班负责人</td><td>年 月 日</td></tr>
<tr><td>缺陷处理情况</td><td colspan="2"></td><td>配电自动化班成员</td><td>年 月 日</td><td>配电自动化班负责人</td><td>年 月 日</td></tr>
<tr><td rowspan="2">仿真完成情况</td><td>仿真确认：</td><td></td><td>配电自动化班成员</td><td>年 月 日</td><td>配电自动化班负责人</td><td>年 月 日</td></tr>
<tr><td>方案确认：</td><td></td><td>配调班成员</td><td>年 月 日</td><td>配调班负责人</td><td>年 月 日</td></tr>
<tr><td>晨操完成情况</td><td colspan="2"></td><td>配调班成员</td><td>年 月 日</td><td>配调班负责人</td><td>年 月 日</td></tr>
<tr><td rowspan="4">投运审批</td><td rowspan="2">技术组</td><td>专职</td><td colspan="4">年 月 日</td></tr>
<tr><td>负责人</td><td colspan="4">年 月 日</td></tr>
<tr><td rowspan="2">主管领导</td><td>工程</td><td colspan="4">年 月 日</td></tr>
<tr><td>运检</td><td colspan="4">年 月 日</td></tr>
<tr><td rowspan="2">附件</td><td colspan="6">附件1：××系统环全自动馈线自动化仿真单</td></tr>
<tr><td colspan="6">附件2：××系统环缺陷处理情况汇总</td></tr>
<tr><td>备注</td><td colspan="6"></td></tr>
</table>

填写人：　　　　　　　　　　　　　　　　填写时间：

全自动馈线自动化线路投运会签单

宁电—电控—新尚—国宾环全自动馈线自动化仿真单						
馈线	宁电N860线					
故障点	宁电N860线					
仿真结果						
借电线路						
借电点						
馈线	电控N870线					
故障点	电控N870线	调度中心开关站母线Ⅱ段	新调AA759线			
仿真结果						
借电线路						
借电点						
馈线	新尚N288线					
故障点	新尚N288线	新芝宾馆开关站母线Ⅱ段	芝波AA276线	波波国际配电室母线Ⅰ段	波鑫AA272线	高鑫广场开关站母线Ⅱ段
仿真结果						
借电线路						
借电点						
馈线	新尚N288线					
故障点	鑫尚AA274线	新星欧尚开关站母线Ⅱ段				
仿真结果						
借电线路						
借电点						

仿真人员： （配电自动化班） 审核人员： （配调）

馈线自动化仿真单

（2）退出及重新投运流程

需要退出全自动馈线自动化运行的情况

→停用重合闸的不停电作业

开展不停电作业前，作业线路、联络转供线路应退出馈线自动化全自动运行。不停电作业完成后，相关线路应立即重新投入馈线自动化全自动运行。

→引起运行方式改变的线路割接

线路割接工作施工前，所有异动线路退出馈线自动化全自动运行。割接施工结束、新系统图投运后，需对割接所涉及线路的异动部分进行馈线自动化仿真试验，仿真试验结果正确后重新投入馈线自动化全自动运行。

→图实不符

如发现馈线自动化全自动运行线路存在图实不符的问题，应立即退出馈线自动化全自动运行，待正确图模重新导入后，对更正部分进行馈线自动化仿真试验，仿真试验结果正确后方可重新投入馈线自动化全自动运行。

需要退出全自动馈线自动化运行的情况

→误动

馈线自动化误动故障发生后，配电自动化班应立即分析误动原因。如果原因明确，如误动由变电站误遥信引起，应立即将误遥信线路退出馈线自动化全自动运行，待变电站侧消缺完成后再投入；如果误动由配电主站故障引起或暂时无法查明误动原因，应立即停用，待消缺完成后再投入。

→变电站出线间隔保护校验等工作

进行变电站出线间隔保护校验等工作前，工作线路应在工作前退出馈线自动化全自动运行；工作完成后，相关线路应立即重新投入馈线自动化全自动运行。

→其他情况

其他特殊情况需要退出馈线自动化全自动运行的，由当值调控员负责做好退投工作，并做好记录及通知，必要时汇报相关领导。

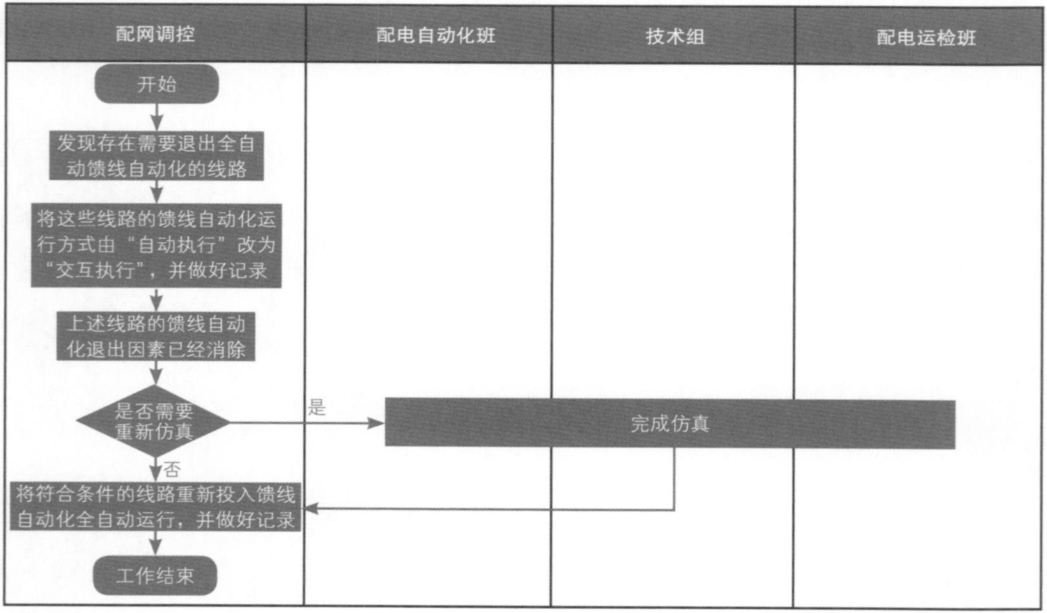

配网调控	配电自动化班	技术组	配电运检班
开始			
发现存在需要退出全自动馈线自动化的线路			
将这些线路的馈线自动化运行方式由“自动执行”改为“交互执行”，并做好记录			
上述线路的馈线自动化退出因素已经消除			
是否需要重新仿真（是→完成仿真；否↓）	完成仿真	完成仿真	完成仿真
将符合条件的线路重新投入馈线自动化全自动运行，并做好记录			
工作结束			

退出及重新投运流程图

（五）程序化操作模块

1. 晨操模块

（1）概述

对“三遥”开关进行定期性的、计划性的、选择性的状态测试操作，确保开关“三遥”的准确性。晨操操作免去了配电运检单位专门组织配网调控、自动化、现场运检等多方人员进行遥控测试工作，从而节约了人力物力。

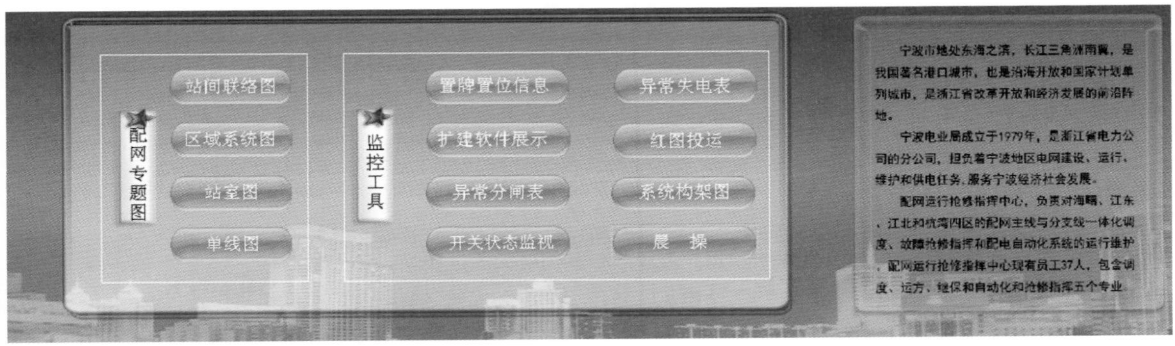

（2）登录模块主界面与新建计划操作任务

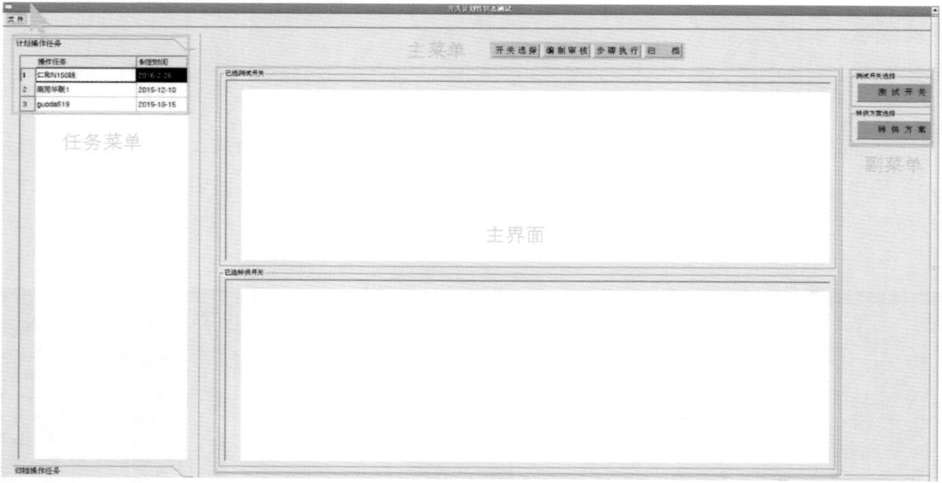

1. 点击左上角“文件”→“用户登录”，从而登录晨操模块操作界面。
2. 点击左上角“文件”→“新建”，新建一个计划操作任务，命名待后续操作。

（3）选择测试开关

1. 双击选中计划操作任务列表中新建的计划操作任务。
2. 点击主菜单中“开关选择”→副菜单中“测试开关”，进入测试开关选择操作界面。

以仁和N150线为例，先在“馈线开关检索”中选择“仁和N150线”，列表中列出12个开关；然后手动选择仁和N150线处于合位的三个开关（合位状态），单击对应的开关前的小方框后，系统会推出所选馈线及其“三遥”开关所在的图形。

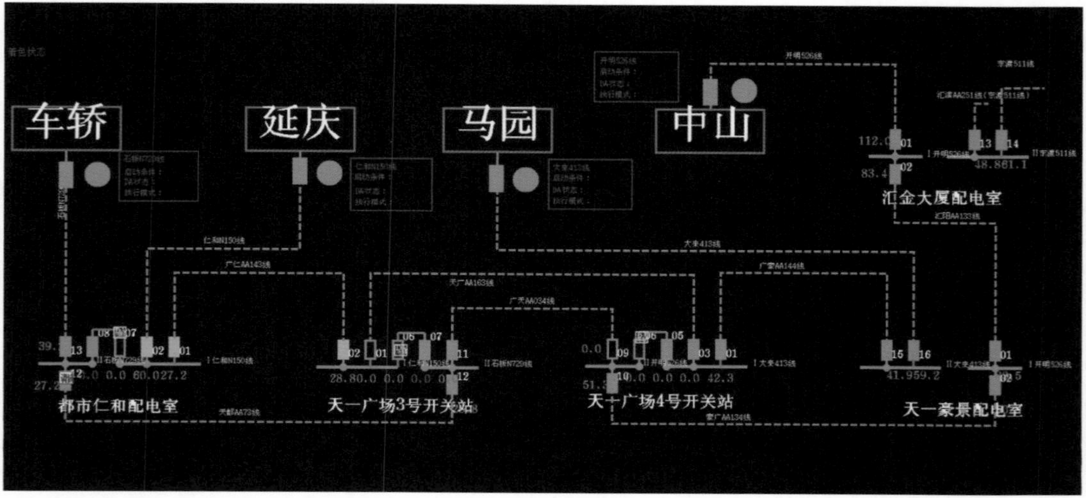

（4）转供方案选择阶段

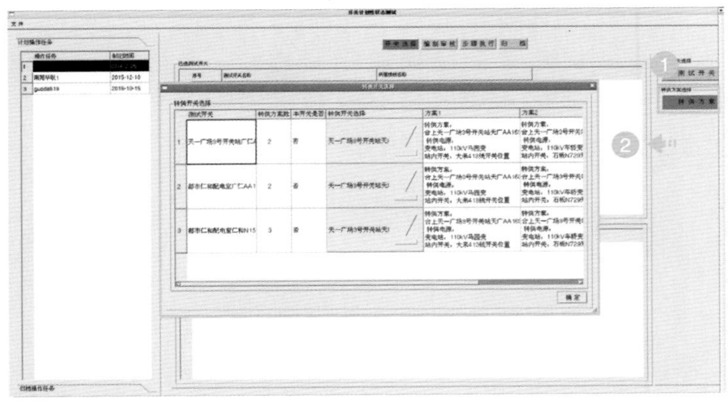

1. 选定测试开关后，要考虑电网运行方式调整、负荷转移与电网安全性校验。点击副菜单中“转供方案”按钮，系统将搜索转供方案，选择转供开关，等搜索结束后，会弹出转供方案选择界面。

2. 点击“确定”按钮后，会在主界面中列出测试开关及其对应转供开关的选择结果。

（5）编制审核阶段

1. 点击主菜单中“编制审核”，进入编制审核界面。
2. 点击副菜单中“开始编制”，输入主界面中操作任务名称、副菜单下选择操作方式（现主要采用自动执行）。
3. 点击副菜单中“编制步骤”，进入遥控操作步骤编写。
4. 完成遥控操作步骤编写之后，点击 “保存并导出”按钮，完成保存。

（6）步骤执行阶段

① 步骤执行操作界面

选中当前计划操作任务，点击主菜单中“步骤执行”，进入步骤执行操作界面。

② 遥控测试

原则： 如果遥控执行分闸失败，那么跳过该开关下一步的遥控合闸操作，继续执行下一个开关的遥控操作；如果遥控执行合闸失败，那么暂停后续遥控执行操作，等待抢修人员合上开关后，才能继续执行该开关遥控分闸操作。

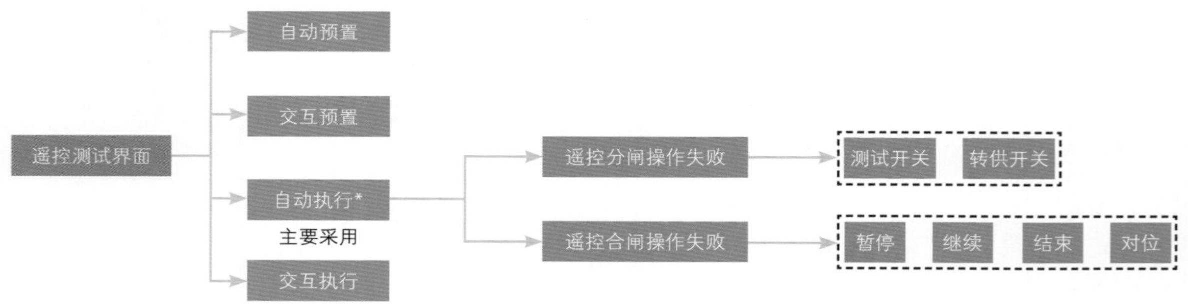

2. 变电站全停负荷转供模块

（1）概述

变电站全停负荷转供模块指的是利用自动化装置（系统）、配网供电线路（馈线）的运行情况，结合电子存档的操作预案，实现事故停电变电站所有10kV配网线路的转供操作，快速恢复正常供电、提高供电可靠性的应用模块。

变电站全停负荷转供模块主要由电子预案编制（事前）、已有预案评估（事前）、事故变电站预案执行（事中）、异常运行方式状态监视（事后）4个环节组成。

（2）电子预案编制

① 变电站选择

预案编辑 预案校验 预案执行

配网大面积停电恢复

变电站列表

③ 快速搜索处

① 变电站域

220kV厂站 500kV厂站 市区

110kV马郎变
延庆新
延庆变
荷花变
大河变
宝桥变
林沐变
周宿新
通达变

② 变电站列

变电站选择界面根据变电站所属区域对所有变电站进行分类。

方法一：

1．单击选择变电站区域，下方列出所有属于该区域的变电站。

2．双击需要编制电子预案的变电站，进入预案编制线路选择界面。

方法二：

1．通过右上角的快速搜索条可以更便捷地找到所需变电站。

2. 选择图中任意一条线路，右键出现对话框，点击“一键生成预案”，出现“预案编辑确认”对话框，输入用户名和密码即开始玛瑙变电站整站预案自动生成。

② 线路选择

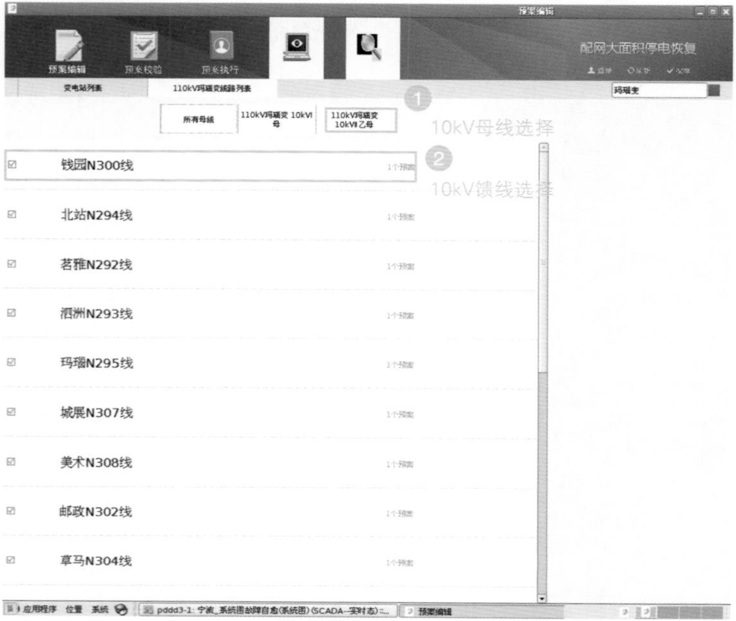

线路选择界面根据线路的供电母线进行分类。

1．单击选择10kV母线，下方列出所有由该母线供电的10kV配网线路。配网线路右侧列出当前已编制完成的预案个数。

2．对整站预案中的任何一条预案有存疑，可进入馈线单独编辑或修改馈线原有预案，如双击“钱园N300线”，即进入下页“线路电子预案编制图”。

③ 线路电子预案编制

- 预案信息浏览

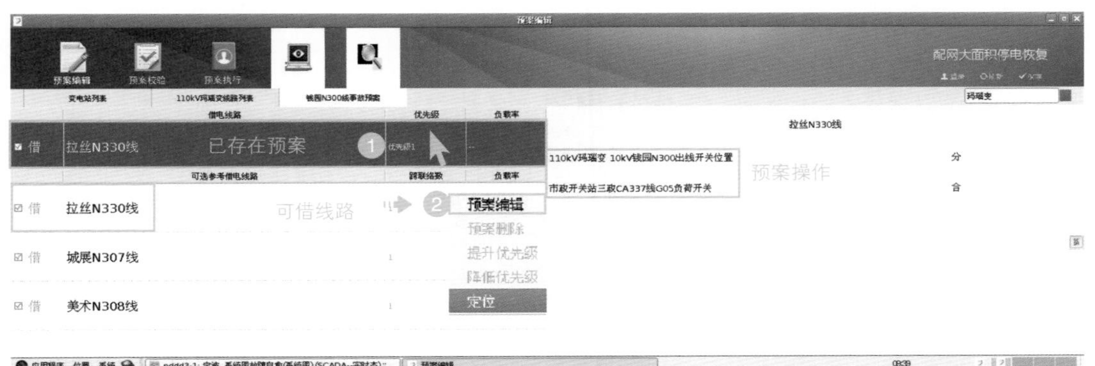

1. 画面中呈现系统自动生成钱园N300线借电四种方案，对第一种进行人为修改，选择其中“借拉丝N330线”方案。
2. 依次右击 “预案编辑、预案删除、提升优先级、降低优先级、定位”对话框，选择“预案编辑”即进入“编辑预案权限校验”。

- 编辑预案权限校验

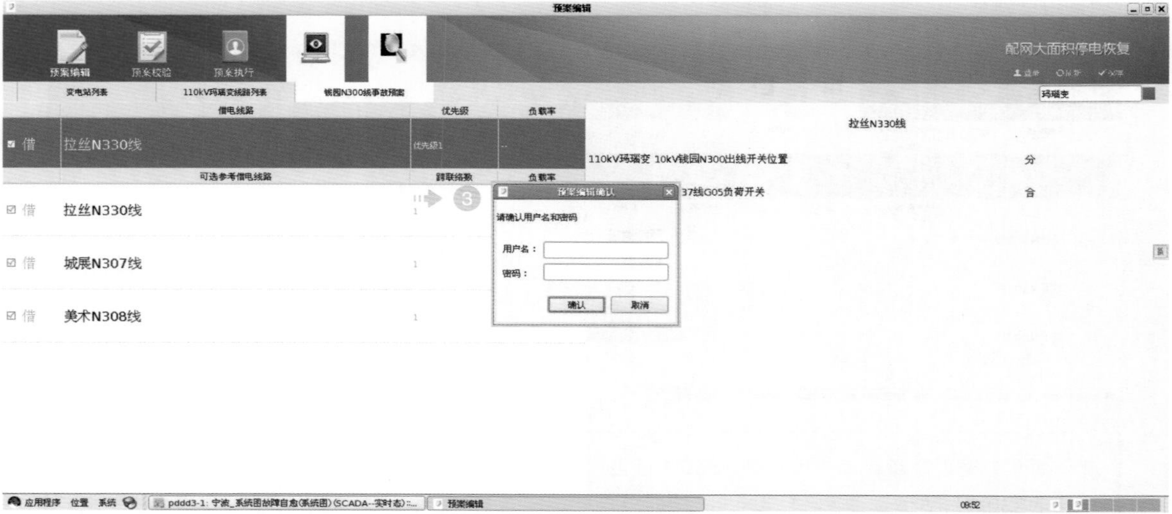

3. 弹出编辑权限校验界面，输入用户名和密码后进入馈线预案修改。

● 电子预案编制

4. 进入预案编辑状态。

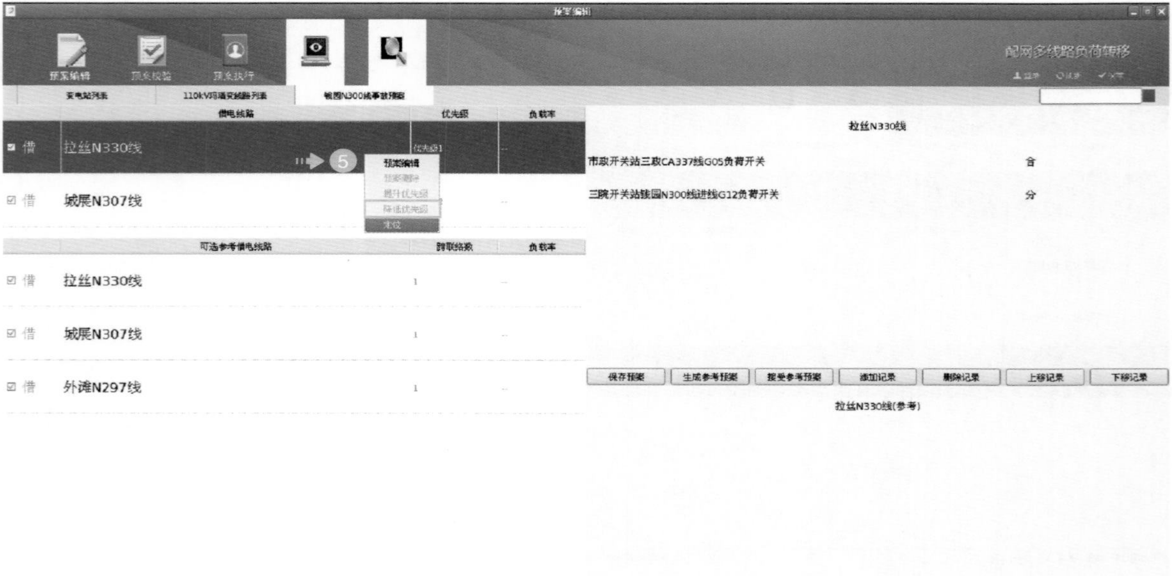

5. 同时变电站全停负荷转供模块在系统图中定位事故线路和借电线路，实现图形联动。

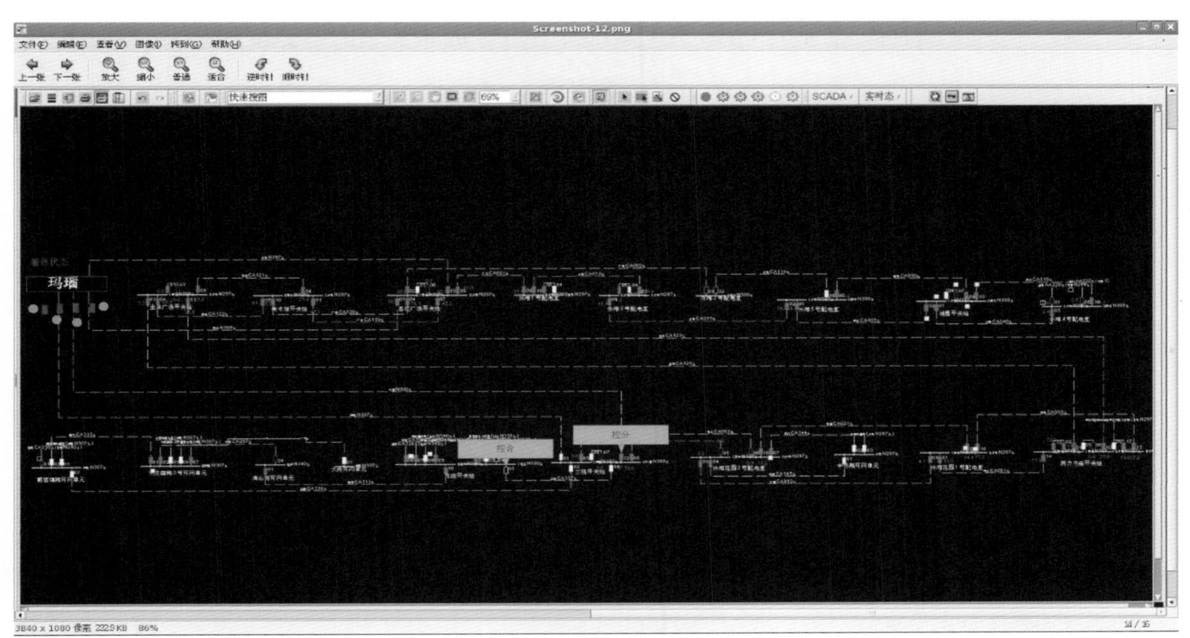

已存在预案图形

保存预案	生成参考预案	接受参考预案	添加记录	删除记录	上移记录	下移记录

预案编辑按钮

保存预案：将预案操作内容写入实时库。

生成参考预案：变电站全停负荷转供模块根据电网运行状态生成参考预案。参考预案操作步骤包括：① 控分线路第一个配网开关；② 控合联络开关。参考预案操作步骤在参考预案操作内容列表中展示。同时，变电站全停负荷转供模块在系统图中显示操作内容，实现图形联动。

接受参考预案：若判断参考预案正确，则点击接受参考预案。原有预案操作内容将被删除，替换为参考预案。

添加记录：将参考预案中的一条记录添加至预案操作内容列表中，原有预案操作内容不会被删除。

删除记录：删除预案操作内容列表中的记录。

上移记录：修改预案操作内容的执行顺序。

下移记录：修改预案操作内容的执行顺序。

（3）电子预案评估

① 预案评估变电站选择

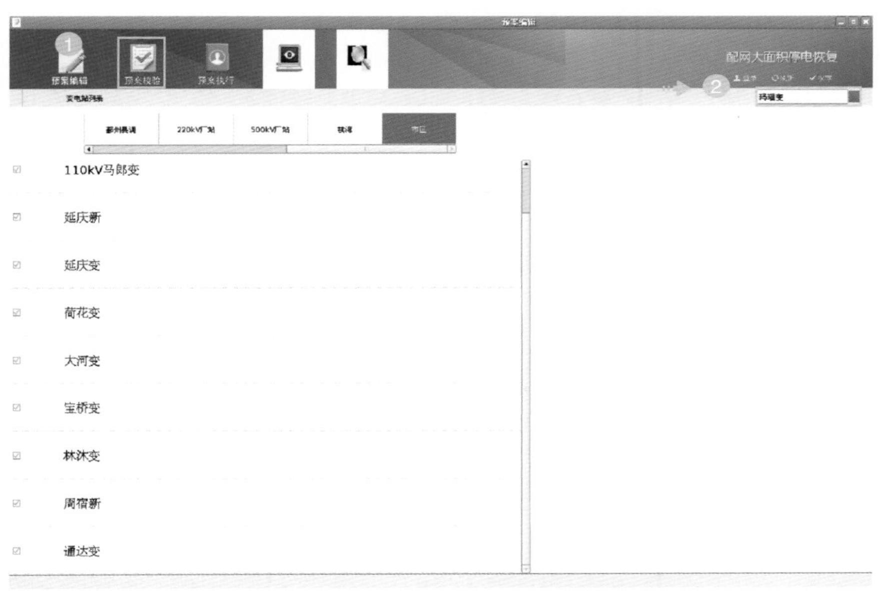

1. 点击“预案校验”，进入预案校验阶段。
2. 通过查找功能，找到“玛瑙变”，双击“玛瑙变”。

② 变电站预案评估

预案完成度：统计完成预案的线路占所有变电站线路的比例。

预案有效性：统计不满足执行条件（无效）的预案占所有预案的比例。

最优预案评估：评估最优预案（预案1）的执行效果。

画面中有“预案评估”“模拟执行”“结束执行”功能键，点击“预案评估”，开始整站预案评估。

预案校验

预案编辑 预案校验 预案执行

配网多线路负荷转移

变电站列表 110kV玛瑙变线路列表

所有母线 | 110kV玛瑙变 10kVⅠ母 | 110kV玛瑙变 10kVⅡ乙母

预案评估 模拟执行 结束执行 100%

	线路	预案数	预案状态
☑	凯德N296线	0个预案	--
☑	三院N309线	0个预案	--
☑	新马N298线	1个预案	预案1 有效
☑	泗洲N293线	1个预案	预案1 有效
☑	桃渡N291线	1个预案	预案1 有效
☑	外滩N297线	2个预案	预案1 有效 预案2 有效
☑	钱园N300线	2个预案	预案1 有效 预案2 有效
☑	北站N294线	2个预案	预案1 有效 预案2 有效
☑	玛瑙N295线	2个预案	预案1 有效 预案2 有效

预案编制完成度	
变电站配网线路	18
已完成预案线路	16
未完成预案线路	2
预案有效性分析	
变电站预案个数	33
有效预案个数	33
无效预案个数	0
最优预案评估	
预案执行线路	16
重载借电线路数	0
操作步骤数	32
操作预估时间	2分20秒
负荷转代率	100.00 %
未恢复负荷数	0

应用程序 位置 系统 pddd3-1: 宁波_系统图故障自愈(系统图)(SCADA--实时态):已... 预案校验

变电站预案评估界面根据线路的供电母线进行分类。

1. 单击选择10kV母线，下方列出所有由该母线供电的10kV配网线路。配网线路右侧列出其当前已编制完成的预案个数。

2. 单击预案评估变电站全停负荷转供模块，针对编制完的预案进行分析，结合配网现有自动化改造水平、预案完成度、预案有效性、最优预案评估等方向进行评估。

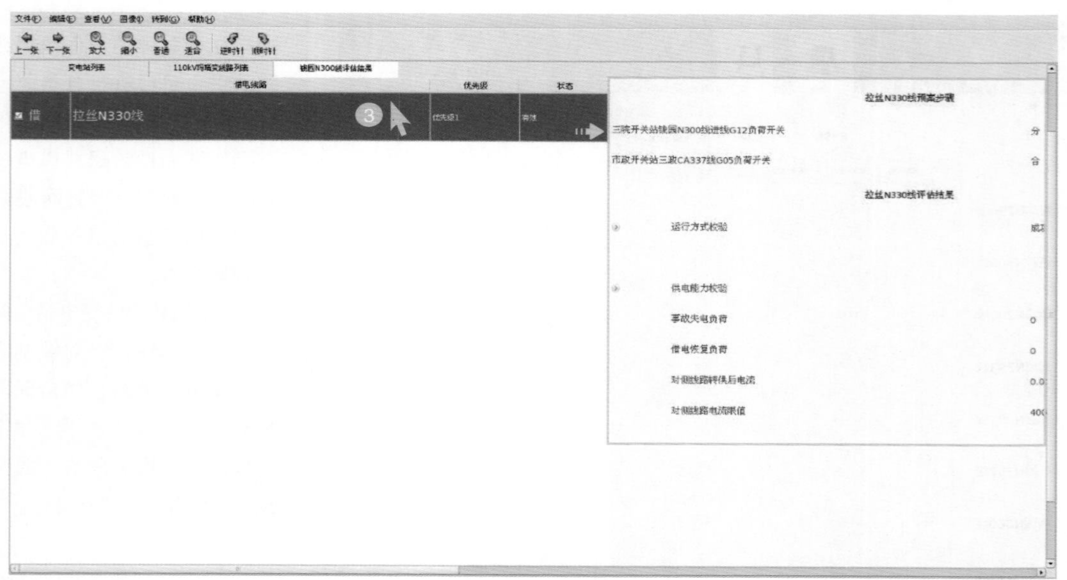

3. 双击预案线路，进入线路预案评估详情界面。

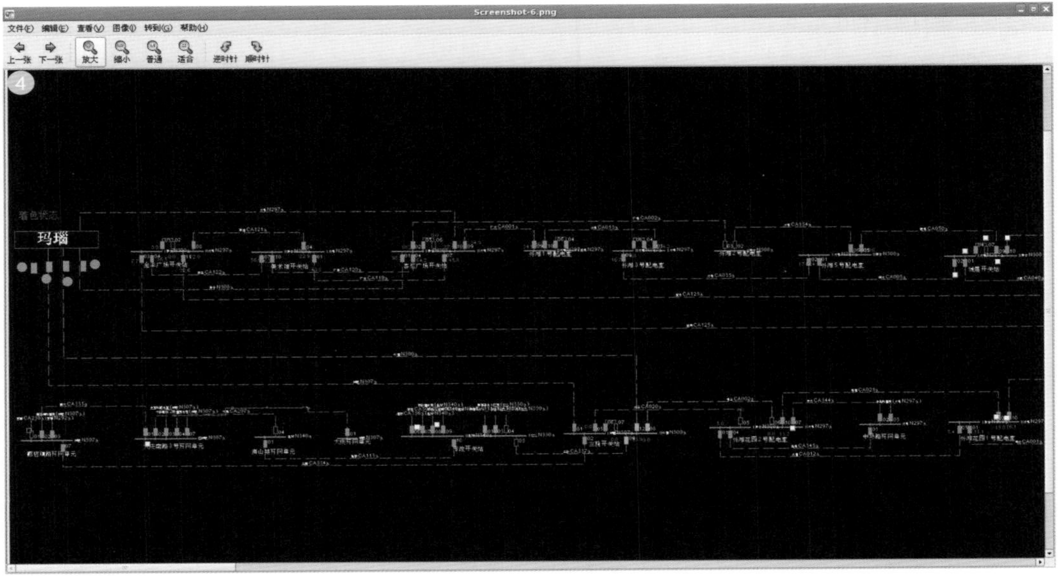

4. 变电站全停负荷转供模块在系统图中显示所有评估线路的操作内容，实现图形联动。

③ 线路预案评估详情

线路预案评估详情显示单条线路所有的预案，以及预案的操作步骤和执行效果。执行效果主要包括：

√ 供电有效性分析；

√ 线路失电负荷数；

√ 线路恢复负荷数；

√ 转供后对侧线路电流值；

√ 对侧线路电流限值。

④ 事故预案执行

- 事故变电站选择

事故变电站选择界面根据变电站所属区域对所有变电站进行分类。

1. 单击选择变电站区域，下方列出所有属于该区域的变电站。

2. 双击需要预案执行的变电站，进入变电站预案执行界面。

- 变电站线路预案遥控执行

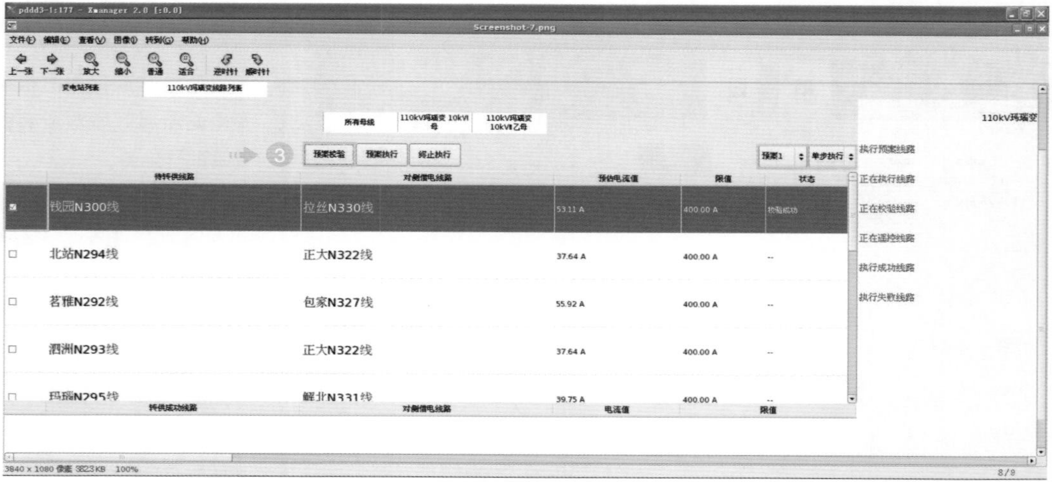

预案校验 预案执行 终止执行 预案1 单步执行

	待转供线路	对侧借电线路	预估电流值	限值	状态
☑	钱园N300线	拉丝N330线	53.11 A	400.00 A	[illegible]
□	北站N294线	正大N322线	37.64 A	400.00 A	--
□	茗雅N292线	包家N327线	55.92 A	400.00 A	--
□	泗洲N293线	正大N322线	37.64 A	400.00 A	--
□	玛瑙N295线	解北N331线	39.75 A	400.00 A	--

3. 画面中出现“预案校验”“预案执行”“终止执行”功能键，右上方下拉框中分别选择“预案1”“单步执行”，勾选“钱园N300线”，设置好后，点击“预案校验”。

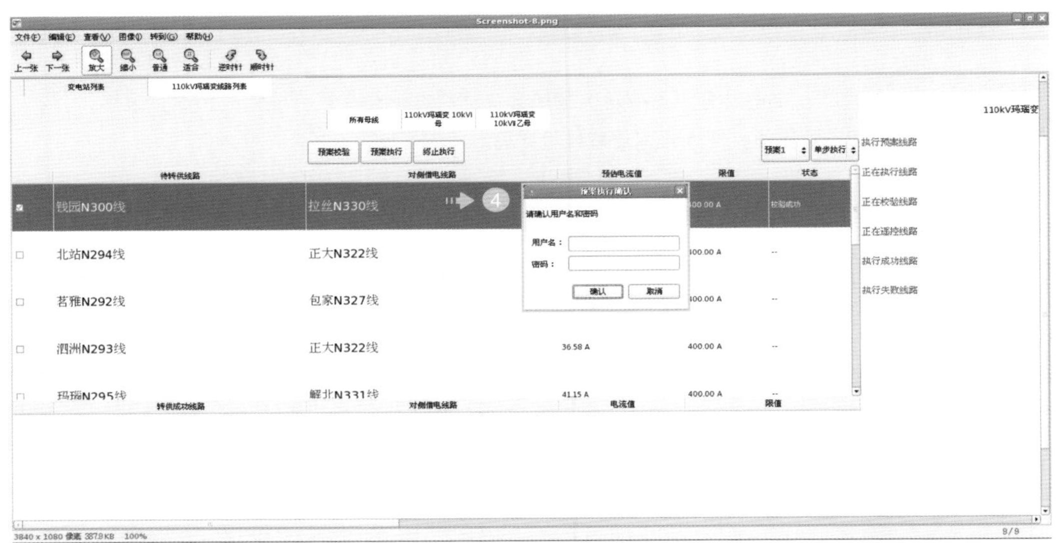

4. 校验成功的线路开始下发遥控命令。若遥控失败，配网变电站全停功能模块会尝试再次遥控，尝试最大次数为3。若3次遥控均失败，则认为预案执行失败，停止该条预案的执行。

（4）运行状态监视

对于预案执行成功的线路，变电站全停负荷转供模块会自动将其记录在执行成功的预案列表中，并实时查询转供线路的电流值和电流限值，便于查询重载风险线路。

二 终端运行

（一）终端信息查看

1. 公共信息查看

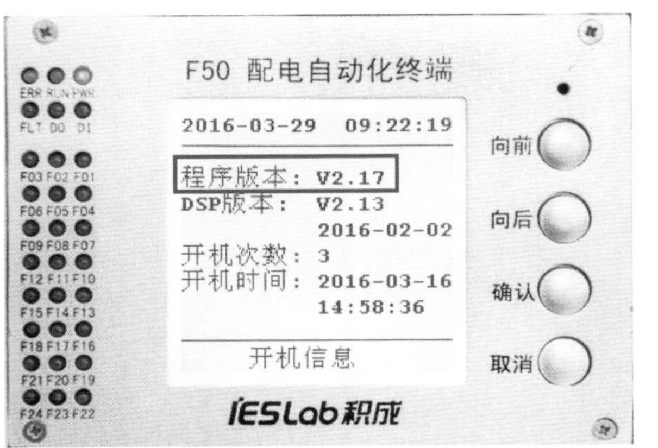

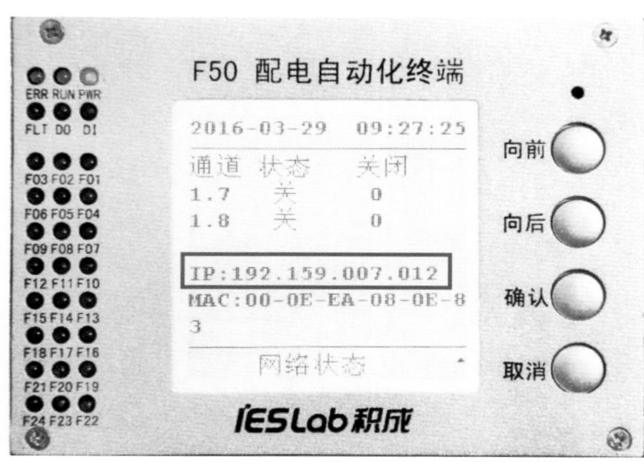

查看内容

查看终端设备上显示的软件版本信息、时钟显示信息和IP地址，并和主站维护人员确认与主站显示一致。

2. 遥测信息查看

（1）交流量

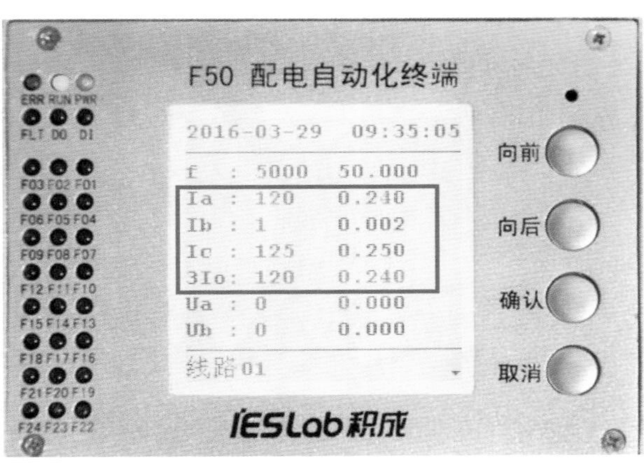

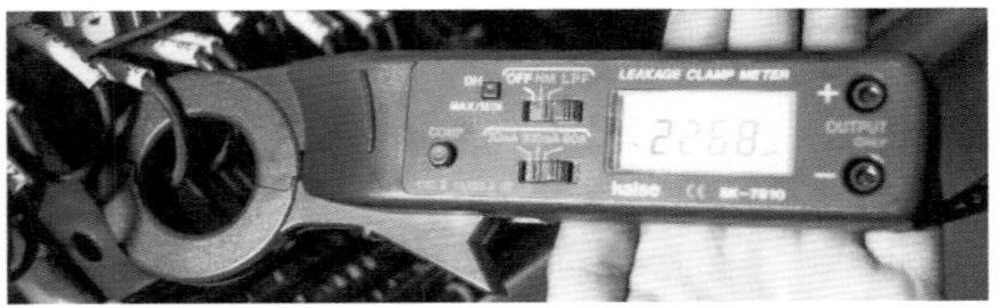

查看内容

查看终端设备上显示的交流电流值与电流表所测二次侧电流值一致，并和主站维护人员确认与主站显示一致。

（2）直流量

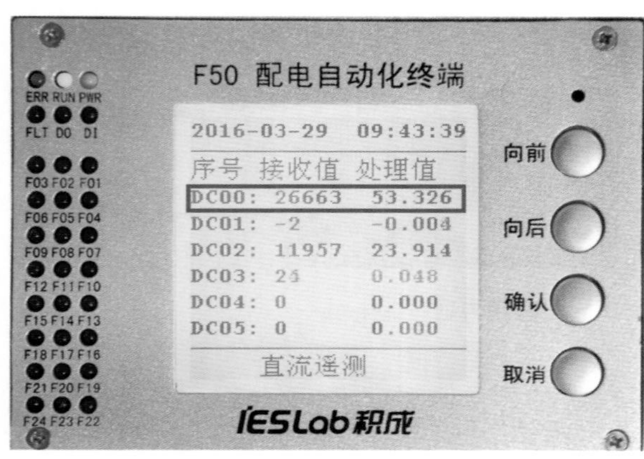

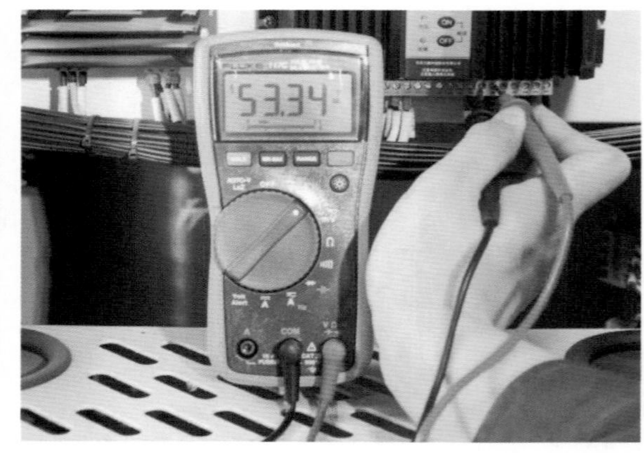

查看内容

查看终端设备上显示的直流电压值与万用表所测二次侧电压值一致，并和主站维护人员确认与主站显示一致。

3. 遥信信息查看

（1）间隔信号

① 开关位置

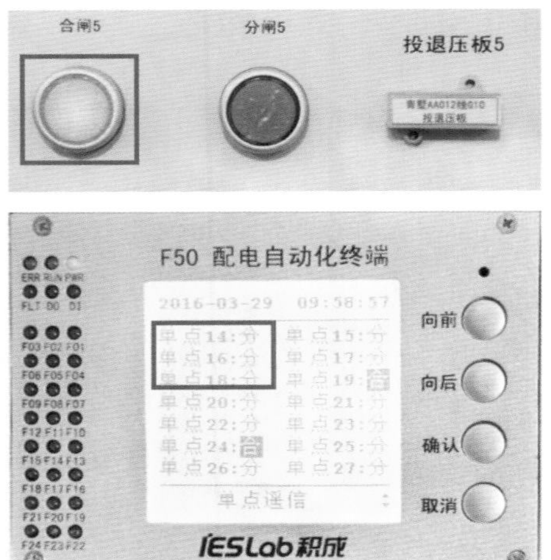

查看内容

查看终端设备上显示的开关位置状态和指示灯与一次设备实际状态一致，并和主站维护人员确认与主站显示一致。

② 接地刀闸位置

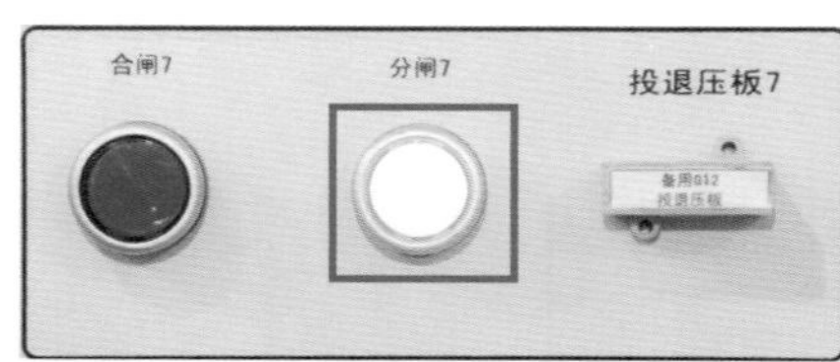

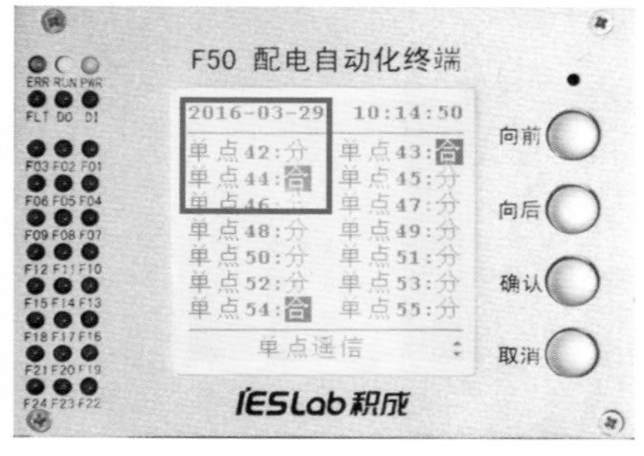

查看内容

查看终端设备上显示的接地刀闸位置状态和指示灯与一次设备实际状态一致，并和主站维护人员确认与主站显示一致。

③ 过流信号

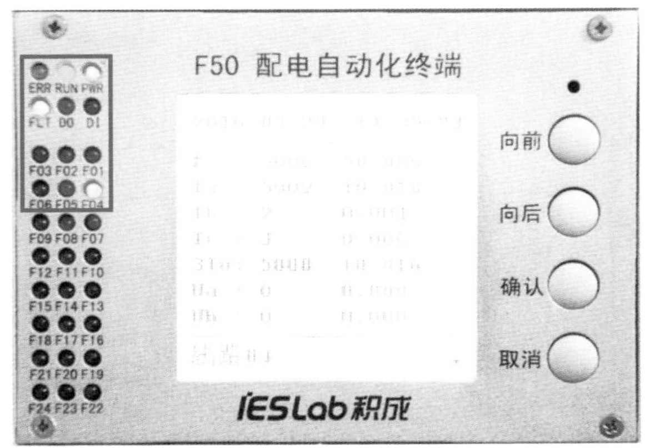

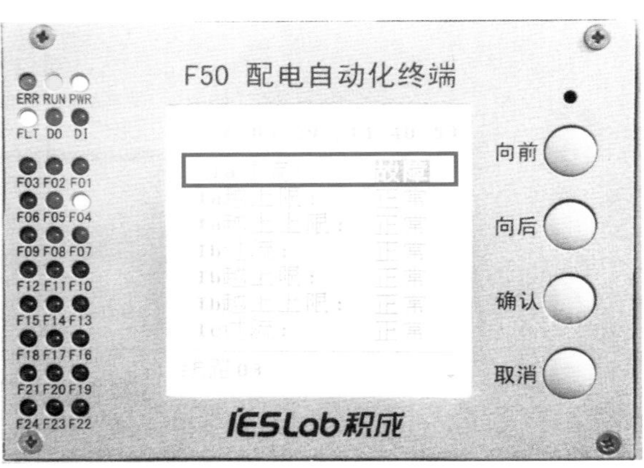

查看内容

当过流告警发生后，查看终端设备显示屏上的过流告警信息及指示灯闪烁，并和主站维护人员确认与主站遥信状态一致。

（2）公共信号

① 间隔名称

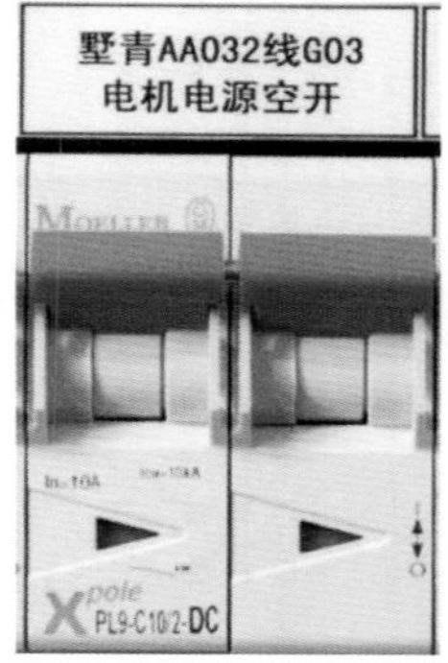

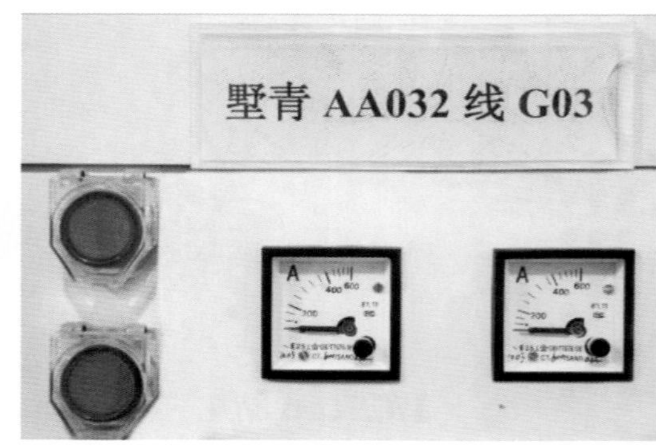

查看内容

查看终端设备上的间隔名称与一次设备间隔名称一致，并和主站维护人员确认与主站系统显示一致。

② 电池电压

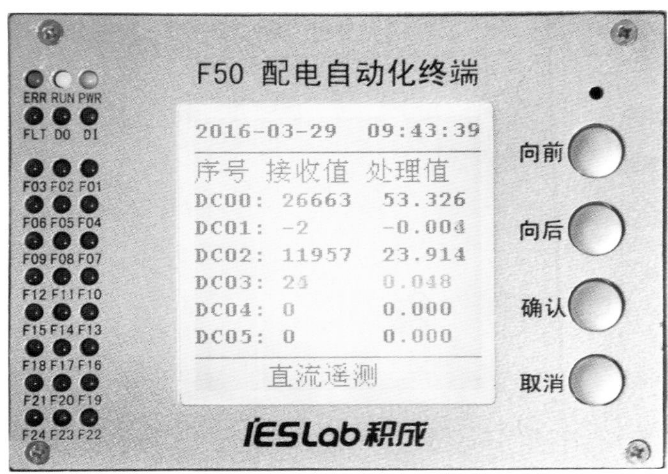

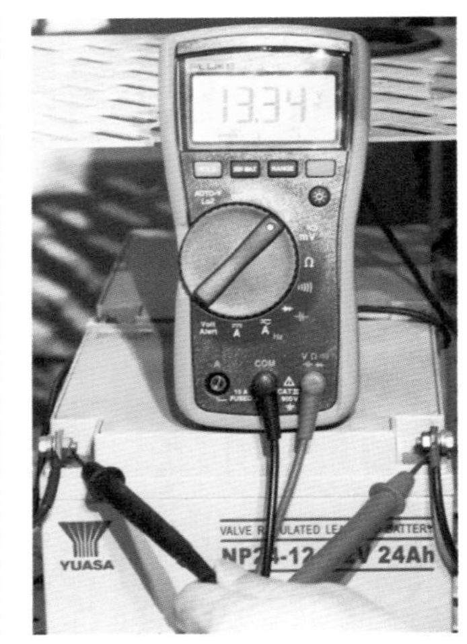

查看内容

查看终端设备上显示的电池电压值与万用表所测（4组电池）一致，并和主站维护人员确认与主站显示一致。

③ 其他状态

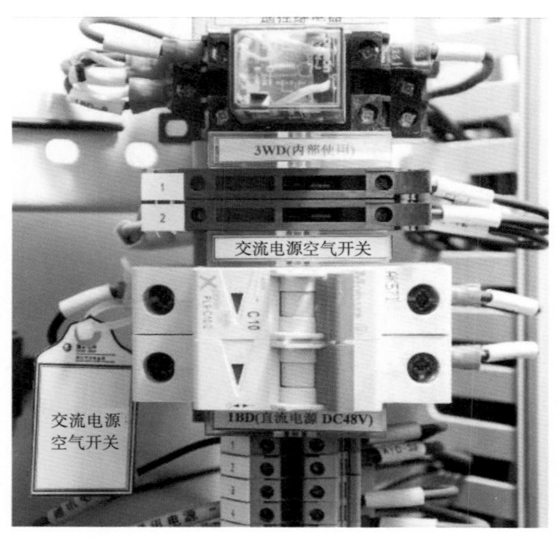

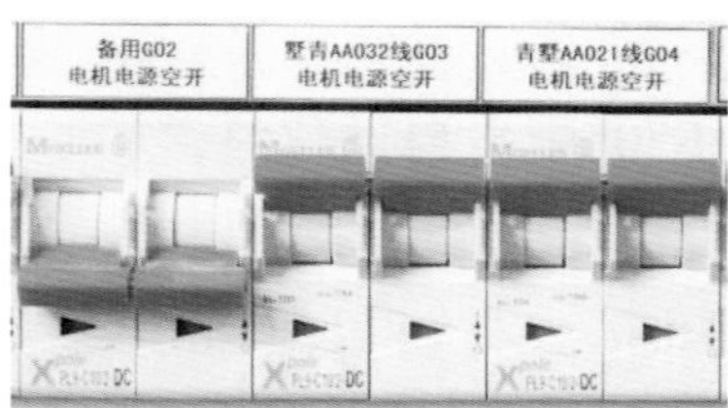

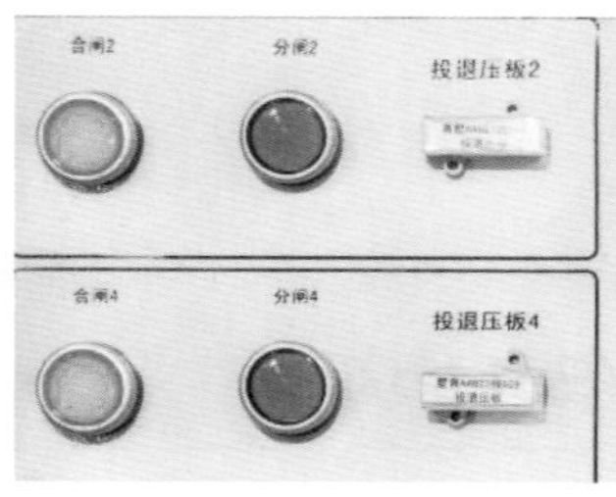

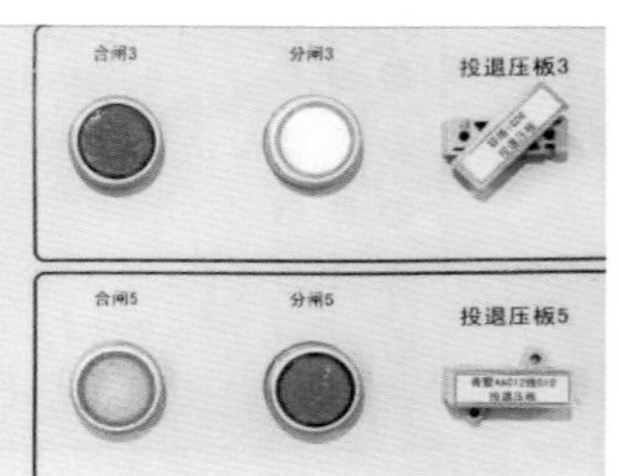

查看内容

查看终端设备运行状态、供电状态、压板状态和空气开关状态，并和主站维护人员确认与主站显示一致。

（二）终端投退

1. 装置投退操作

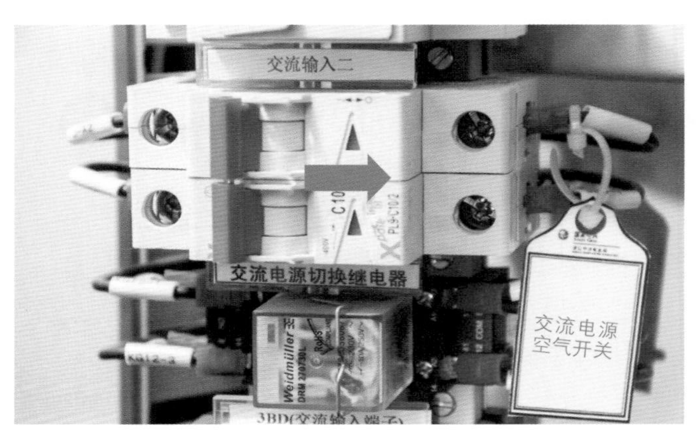

退出操作

在终端设备上拉开空气开关，切断电源并把运行状态切至设备闭锁状态，以完成装置退出操作。

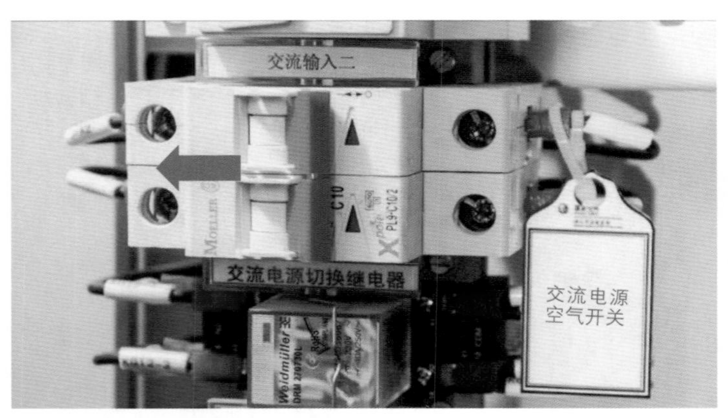

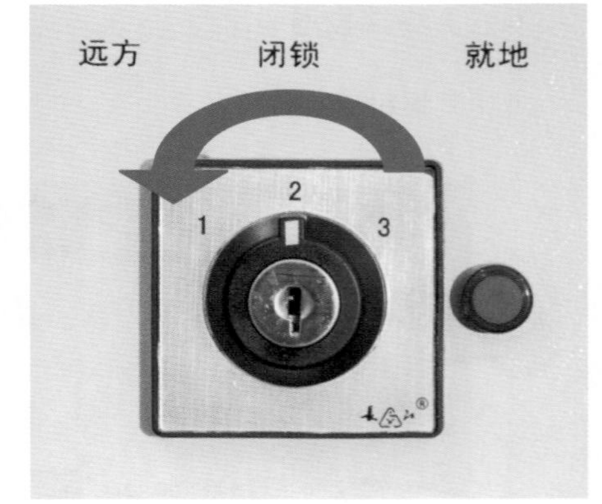

投入操作

在终端设备上合上空气开关，接上电源并把运行状态切至设备远方状态，以完成装置投入操作。

2. 间隔投退操作

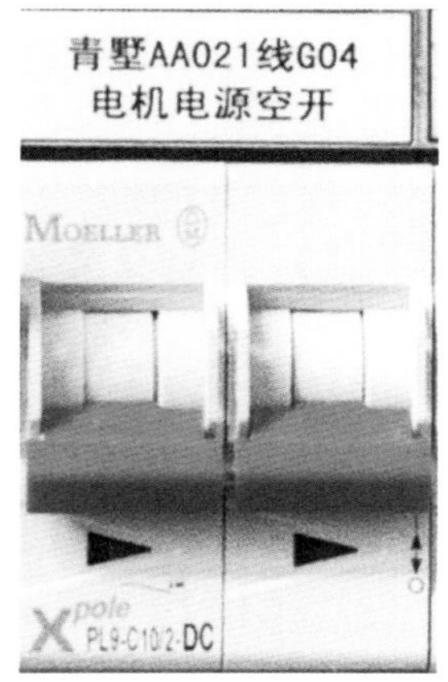

退出操作

在终端设备上把运行状态切至设备闭锁或就地状态，并使压板和电机电源空气开关处于退出状态，以完成间隔遥控退出操作。

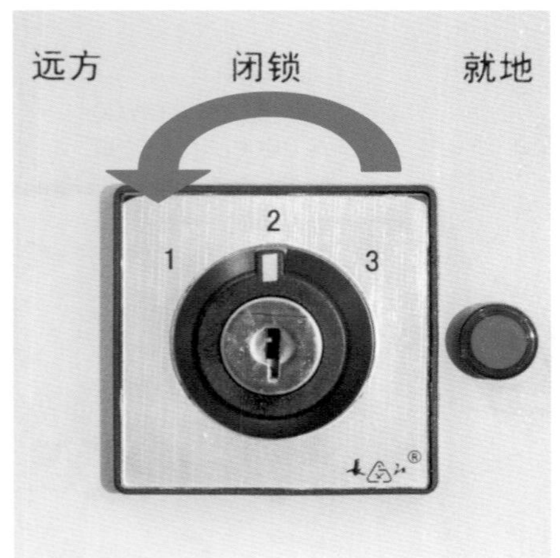

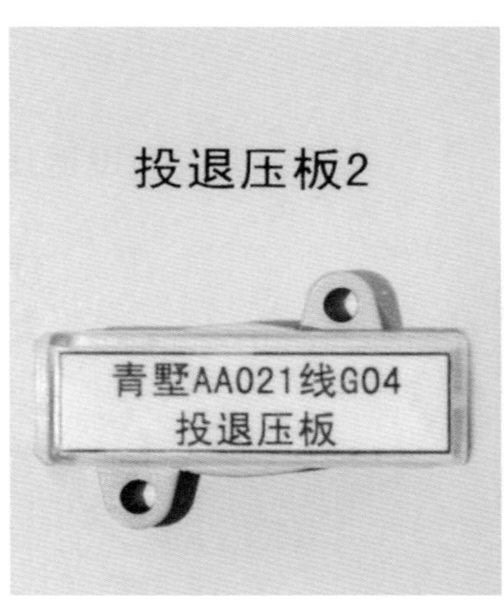

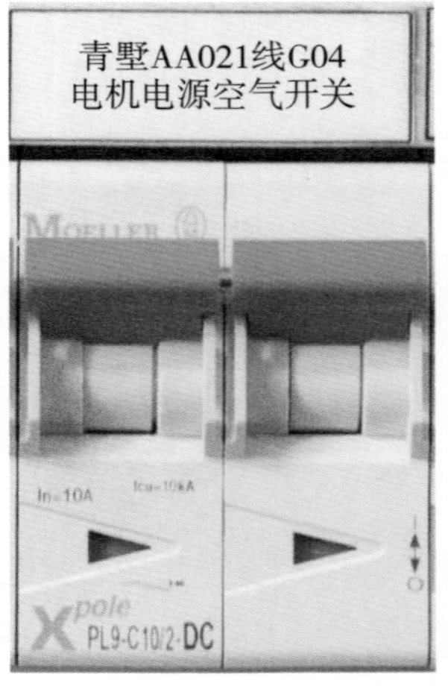

投入操作

在终端设备上把运行状态切至远方状态，并使压板和电机电源空气开关处于投入状态，以完成间隔遥控投入操作。

（三）开关就地操作

通过配电终端对某开关进行就地分/合闸操作，在终端面板上按该开关相应的分/合闸按钮，待开关一次设备动作完成后，核对状态指示灯发生相应变化，确认开关动作正确。

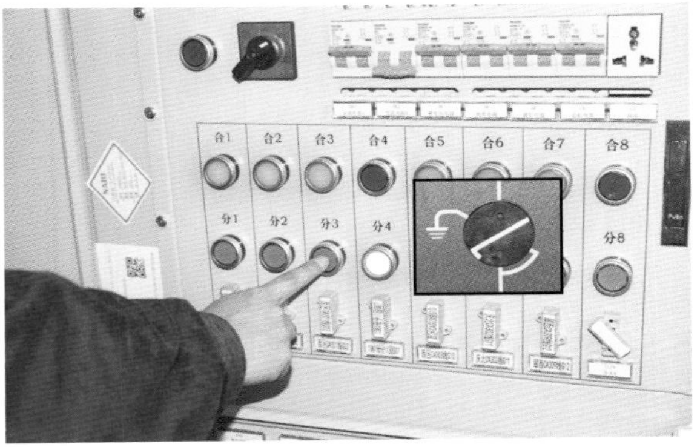

（四）终端遥控对点

1. 遥控操作准备

核对信息以完成现场台账登记卡。确认终端工况是否具备遥控操作条件，主要查看各压板、空气开关状态及各间隔命名。

配电自动化现场台账登记卡							
站点名称及编号：	例：丽雅苑1号配电室（AAP348）				所属区域：	例：海曙	
DTU厂家：	□ 南瑞	□ 积成	□ 申瑞	□ 科大智能	□ ABB	□ 施耐德	□ 其他：
DTU型号：	□ PDZ821	□ F30B/F50B	□ DEP-970	□ KD-100FD	□ RTU-560	□ T200I	□ 其他：
DTU类型：	□ 标准8路	□ 标准16路	□ 非标8路	□ 其他：			
开关柜厂家及型号：	□ 新胜SN6	□ 其他：					
取电方式：	□ 双PT	□ 单PT	□ 低压总柜	□ 低压出线柜	□ 插座	□ 专变低压柜	□ 其他：
通信方式：	□ EPON	□ 载波	□ 无线	□ 其他：			
IP地址：	例：192.159.5.71						
保护定值：							
DTU间隔接入情况	通道名：	□ 通道1	□ 通道2	□ 通道3	□ 通道4	□ 通道5	□ 通道6
	高压柜号：						
	CT接入情况及变比：	□ A □ B □ C	□ A □ B □ C	□ A □ B □ C	□ A □ B □ C	□ A □ B □ C	□ A □ B □ C
		□ 400/5 □ 600/5	□ 400/5 □ 600/5	□ 400/5 □ 600/5	□ 400/5 □ 600/5	□ 400/5 □ 600/5	□ 400/5 □ 600/5
	通道名：	□ 通道7	□ 通道8	□ 通道9	□ 通道10	□ 通道11	□ 通道12
	高压柜号：						
	CT接入情况及变比：	□ A □ B □ C	□ A □ B □ C	□ A □ B □ C	□ A □ B □ C	□ A □ B □ C	□ A □ B □ C
		□ 400/5 □ 600/5	□ 400/5 □ 600/5	□ 400/5 □ 600/5	□ 400/5 □ 600/5	□ 400/5 □ 600/5	□ 400/5 □ 600/5
	通道名：	□ 通道13	□ 通道14	□ 通道15	□ 通道16		
	高压柜号：						
	CT接入情况及变比：	□ A □ B □ C	□ A □ B □ C	□ A □ B □ C	□ A □ B □ C		
		□ 400/5 □ 600/5	□ 400/5 □ 600/5	□ 400/5 □ 600/5	□ 400/5 □ 600/5		
备注： 现场登记人：　　　　日期：							

2. 遥控操作执行

（1）预置

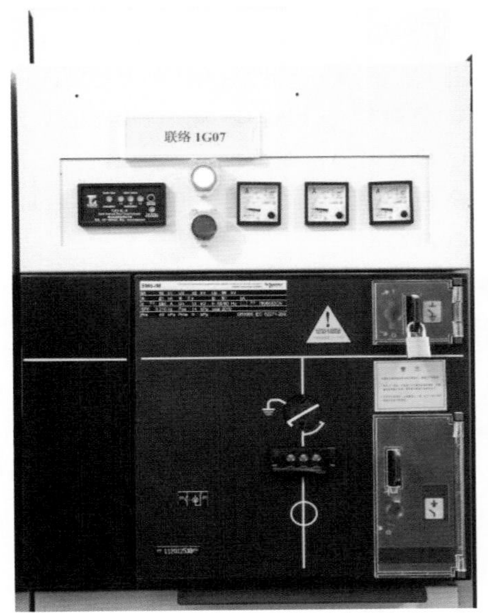

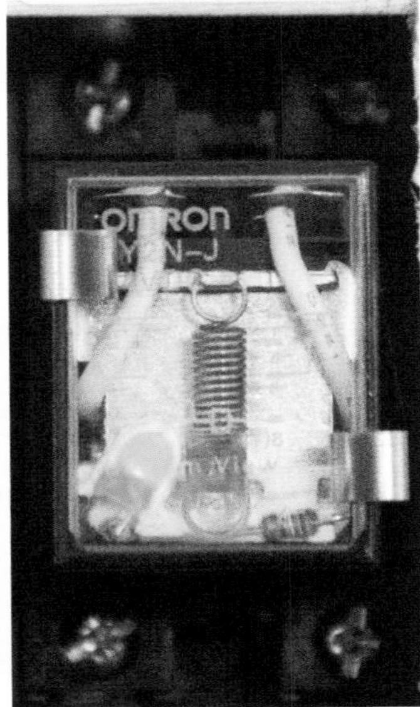

主站下发预置命令，终端收到预置命令后遥控继电器动作，注意听继电器声响，观察到电机电源指示灯亮后，电机操作电源接通。与此同时返回返校信号给主站，主站收到返校信号后提示预置成功。

（2）遥控

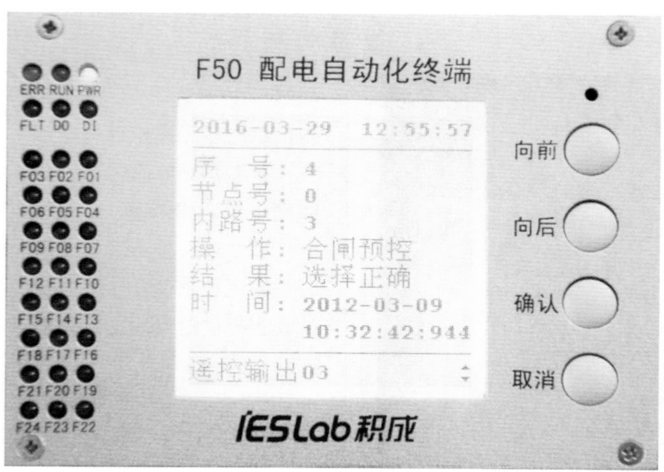

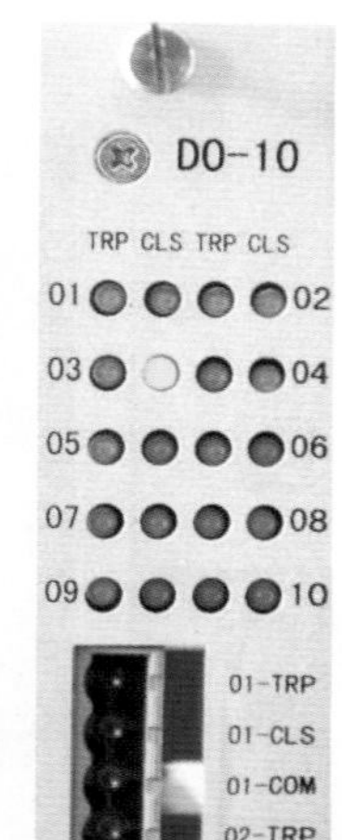

主站下发遥控执行命令，终端收到遥控执行命令后对应的遥控出口继电器响应，输出相应的遥控信号。

3. 遥控操作确认

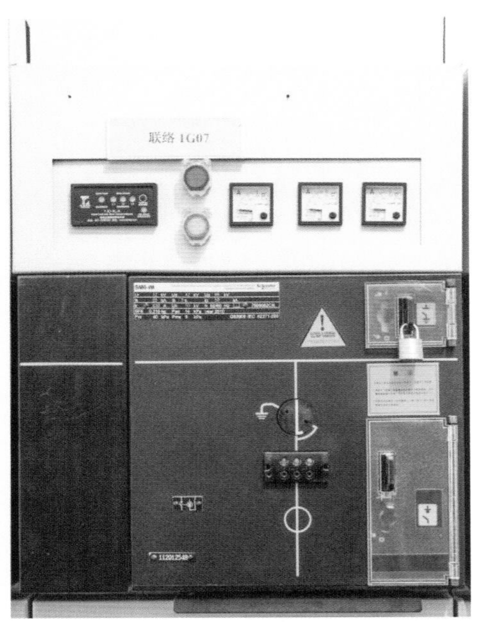

观察一次设备动作是否到位，并与主站人员核对开关状态是否一致。

Part 4

维护篇主要介绍了配电自动化主站系统硬件设备及软件平台、配电终端设备的维护和检修，重点讲解了通道接入、图模制作和异动、“二遥”对点、馈线自动化维护等配电自动化专业核心工作的操作方法，为配电自动化运维检修人员提供作业指导。

维护篇

一 主站维护

（一）机房维护

1. 自动化机房环境巡视

项目	巡视内容	巡视标准	巡视记录（无缺陷打“√”）
自动化机房环境	温度	夏季20~24℃，冬季18~22℃	温度：
	湿度	30%~80%	湿度：
	空调	正常送风，外观完好，工作指示灯正常，面板无告警，各项数值显示正常	
	机柜	外观完好整洁，标签完好	
	房间	机房内有明显禁烟标志，机房照明设施良好，无易燃易爆、含有腐蚀性和强磁的物品，地面干净无杂物和水，墙壁干净无多余物品，机房门完好	
	监控系统	各摄像头外观完好，画面清晰，能够正常使用，监视角度正常	
	门禁系统	门禁系统使用正常	

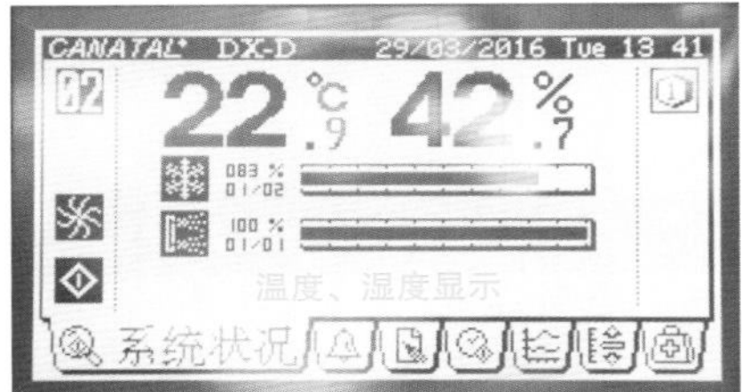

温度、湿度显示

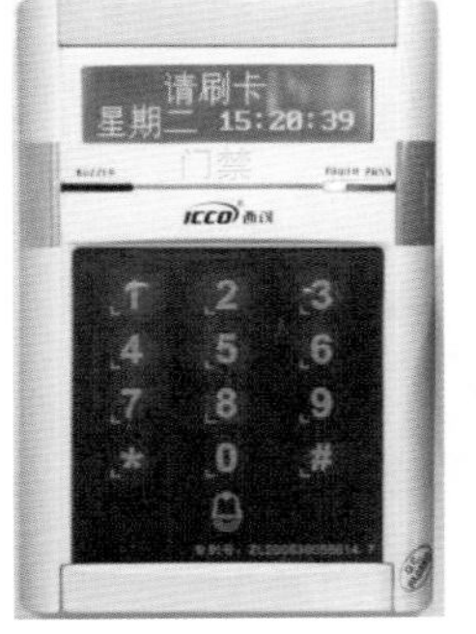

门禁

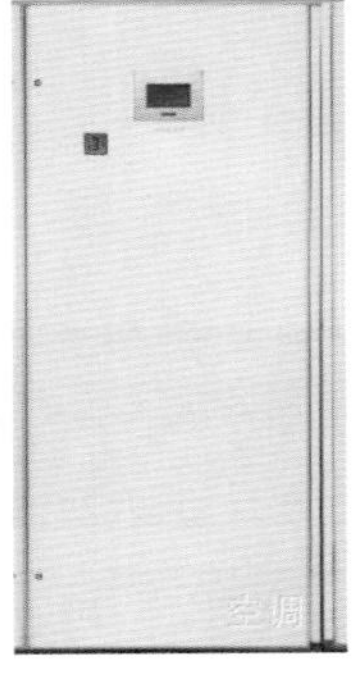
空调

机柜

监控摄像头

机房整体环境

2. 自动化机房设备巡视

（1）网络设备

项目	巡视内容	巡视标准	巡视记录（无缺陷打“√”）
网络设备	线缆	排布整齐，每条线缆两端标签完好	
	天文钟	外观完好整洁，标签完好；指示灯正常：电源灯亮，告警灯灭，端口指示灯颜色正常	
	交换机	外观完好整洁，标签完好；指示灯正常：电源灯亮，告警灯灭，端口指示灯颜色正常	

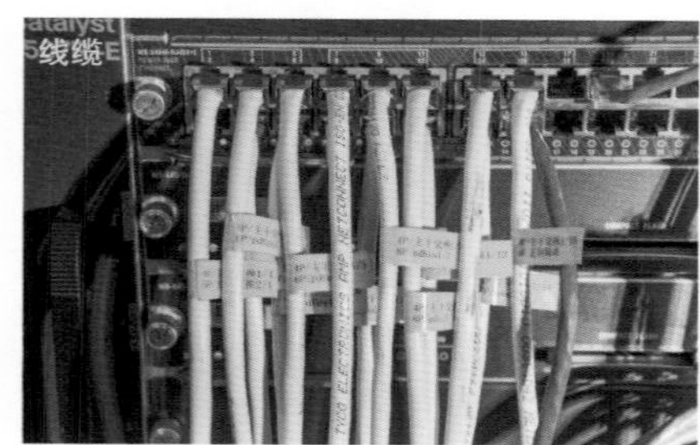

（2）主机设备

项目	巡视内容	巡视标准	巡视记录（无缺陷打“√”）
主机设备	服务器	外观完好整洁，标签完好；指示灯正常：电源灯亮，告警灯灭	
	磁盘阵列柜	外观完好整洁，指示灯正常：电源灯亮，告警灯灭	

服务器

磁盘阵列柜

（3）电源系统

项目	巡视内容	巡视标准	巡视记录（无缺陷打“√”）
电源系统	动力配电柜	运行屏柜的空气开关都已推上	
	UPS配电柜	外观完好整洁，标签完好；运行屏柜的空气开关都已推上	
	PDU	外观完好整洁	

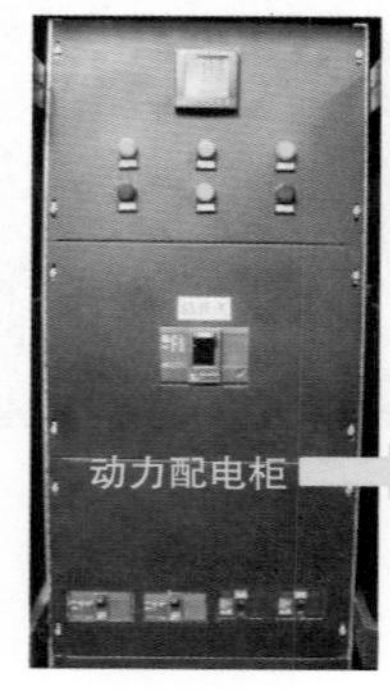

（4）UPS主机

项目	巡视内容	巡视标准	巡视记录（无缺陷打"√"）
UPS主机	1#UPS	外观完好整洁，标签完好；指示灯正常：电源灯亮，告警灯灭；UPS工作状态：正常	
	2#UPS	外观完好整洁，标签完好；指示灯正常：电源灯亮，告警灯灭；UPS工作状态：正常	

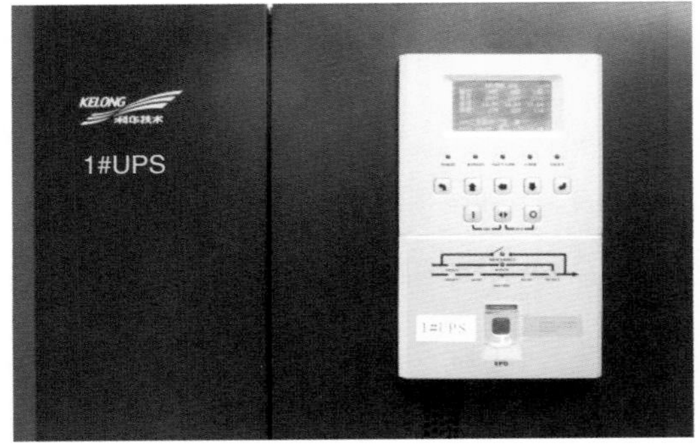

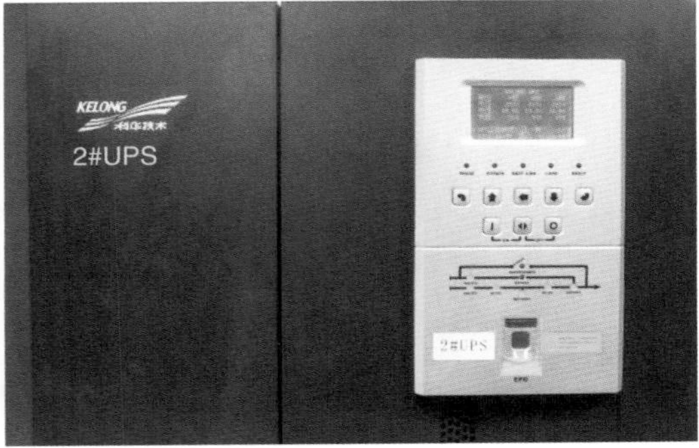

（二）系统平台及数据库维护

1. 用户权限维护

为了保证系统的安全性，对不同的用户赋予不同的权限，只有被授权的用户才能进行相应的操作。

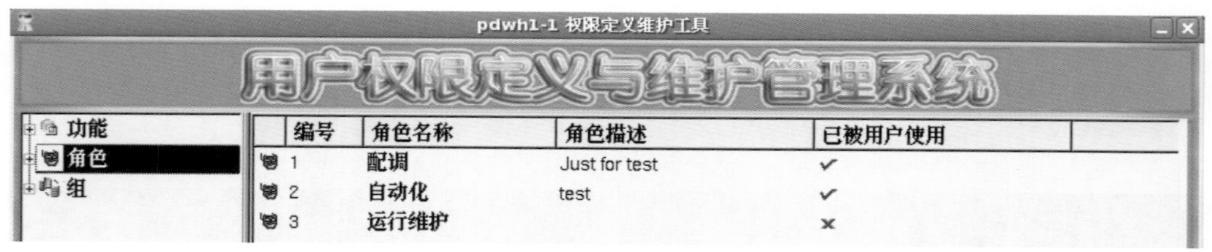

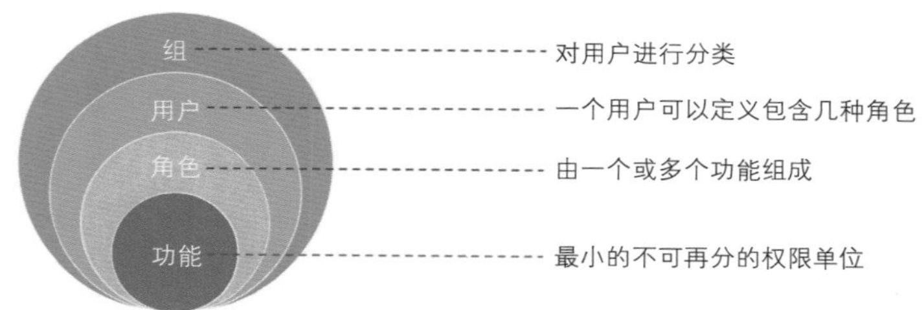

（1）用户权限管理界面的启动和退出

①系统界面的开启

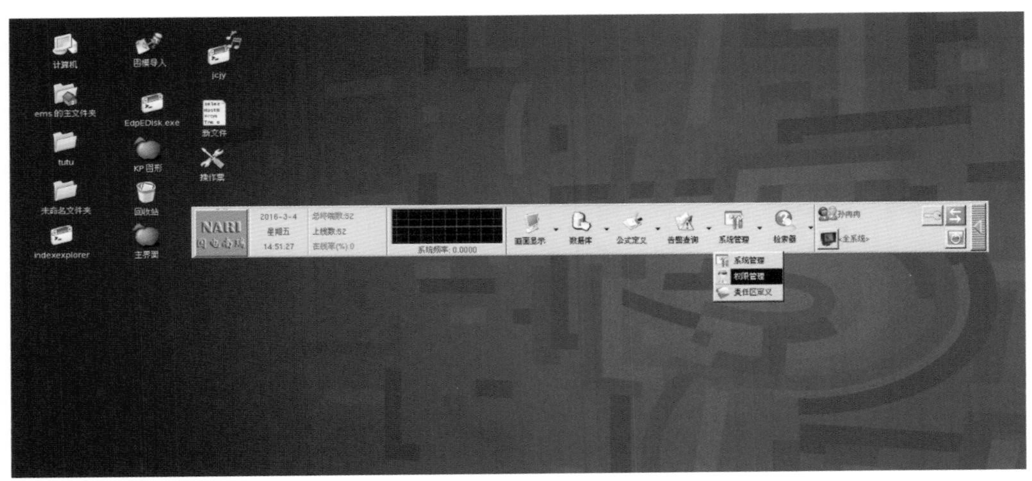

在总控台点击“系统管理”下的“权限管理”，开启用户权限管理界面。

②系统界面的退出

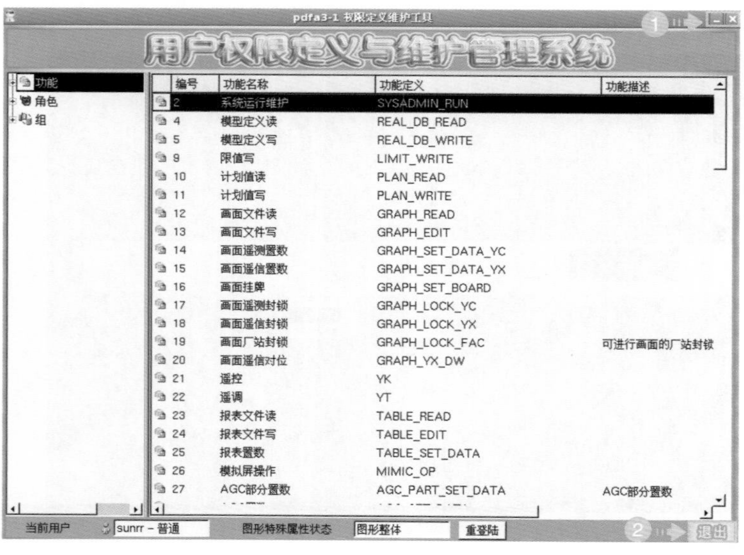

编号	功能名称	功能定义	功能描述
2	系统运行维护	SYSADMIN_RUN	
4	模型定义读	REAL_DB_READ	
5	模型定义写	REAL_DB_WRITE	
9	限值写	LIMIT_WRITE	
10	计划值读	PLAN_READ	
11	计划值写	PLAN_WRITE	
12	画面文件读	GRAPH_READ	
13	画面文件写	GRAPH_EDIT	
14	画面遥测置数	GRAPH_SET_DATA_YC	
15	画面遥信置数	GRAPH_SET_DATA_YX	
16	画面挂牌	GRAPH_SET_BOARD	
17	画面遥测封锁	GRAPH_LOCK_YC	
18	画面遥信封锁	GRAPH_LOCK_YX	
19	画面厂站封锁	GRAPH_LOCK_FAC	可进行画面的厂站封锁
20	画面遥信对位	GRAPH_YX_DW	
21	遥控	YK	
22	遥调	YT	
23	报表文件读	TABLE_READ	
24	报表文件写	TABLE_EDIT	
25	报表置数	TABLE_SET_DATA	
26	模拟屏操作	MIMIC_OP	
27	AGC部分置数	AGC_PART_SET_DATA	AGC部分置数

1. 点击用户权限定义与维护管理系统右上角“x”号（方法一）。

2. 点击用户权限定义与维护管理系统界面右下角“退出”（方法二）。

（2）角色的创建与配置

1. 右键单击“角色”，呈现下拉菜单。

2. 选择添加新角色，呈现“添加新的角色界面”。

3. 查看“添加新的角色”界面信息。

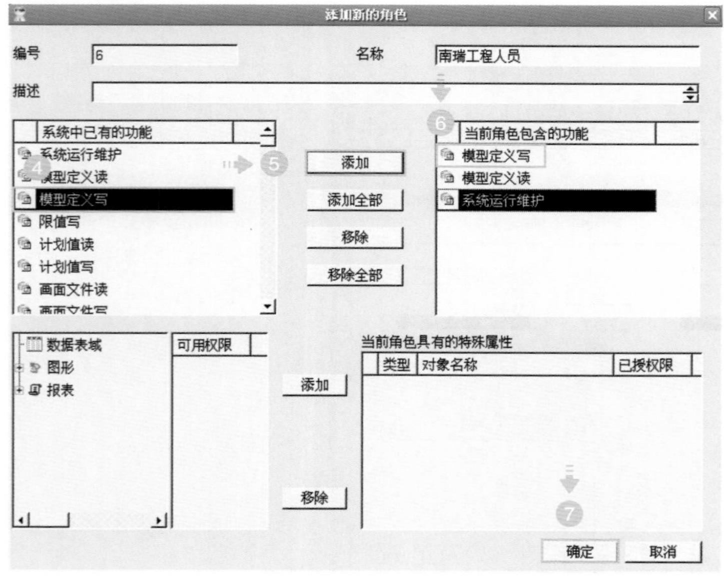

4. 在“添加新的角色”界面右侧名称栏填写新角色的名称。

5. 选择需要添加的功能。

6. 点击“添加”，将选中功能添加到新添加角色包含的功能中。

7. 点击“确定”，完成配置。

(3)用户的创建与配置

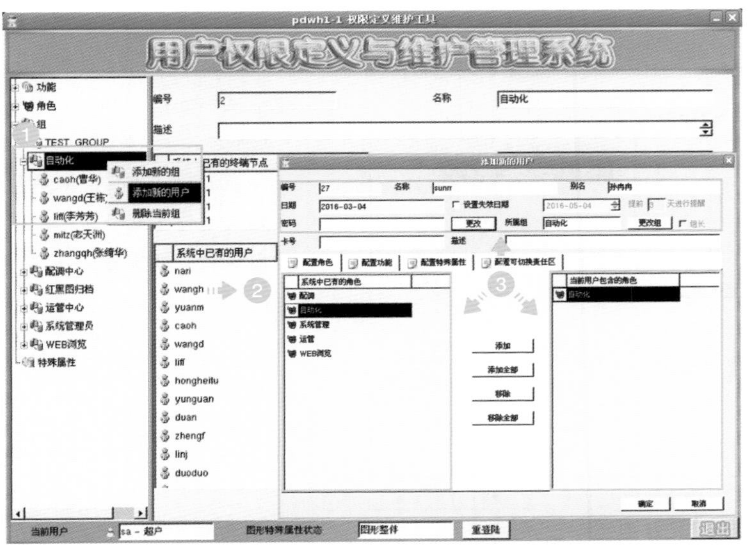

1. 打开“组”,选择新用户需添加的组,右键单击,呈现下拉菜单。

2. 选择“添加新用户”,进入添加新的用户界面。

3. 查看添加新的用户界面信息。

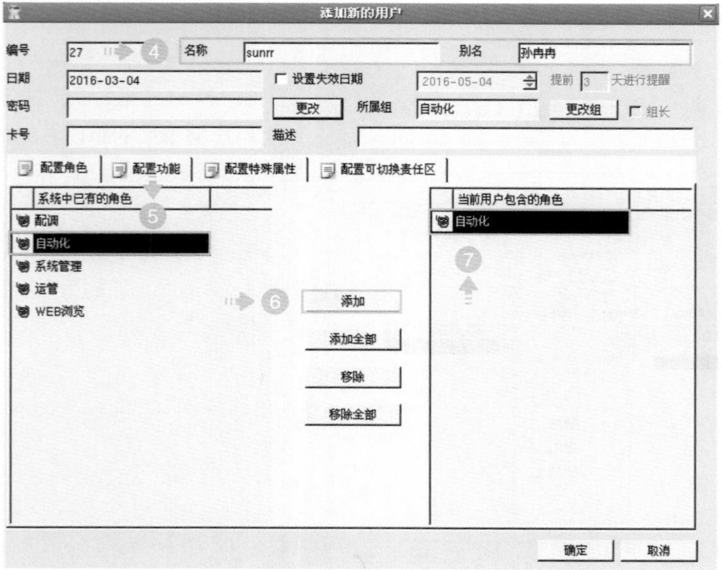

4. 在名称（英文）、别名（中文）栏填写新用户的名称。

5. 选择新用户的角色（如自动化）。

6. 点击“添加”，将角色（如自动化）赋予新用户。

7. 确定完成配置。

（4）用户登录与密码修改

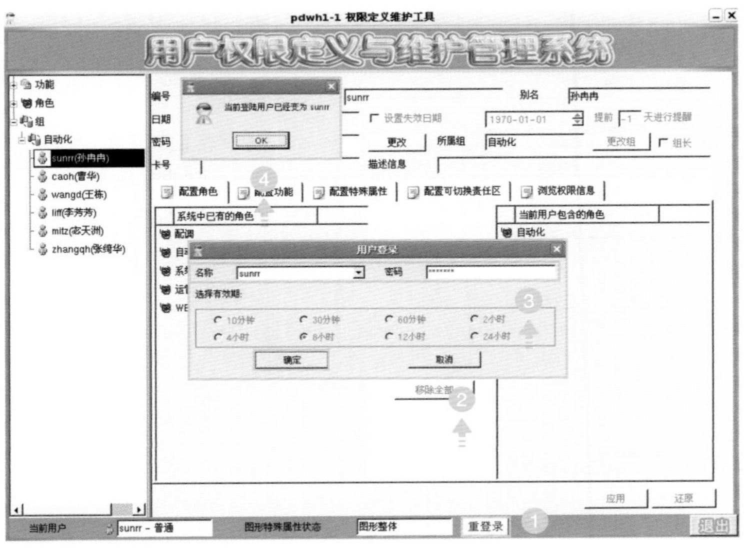

1. 用户密码只能由用户本人进行修改，所以先登录需要修改密码的用户账号。
2. 点击“重登录”，呈现登录窗口。
3. 填写用户名登录名称与密码，确定登录。
4. 显示登录成功，点击OK，完成登录。

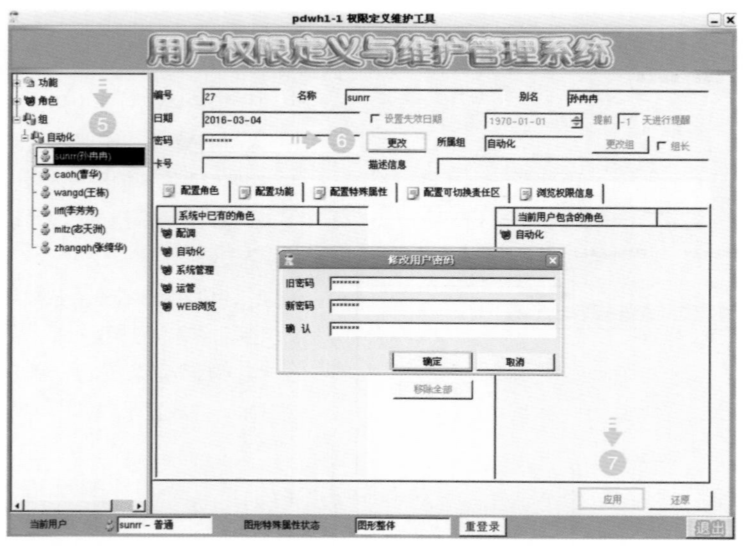

5. 在左边的列表中选择需要修改密码的用户。
6. 在右边的界面中，点击“更改”，在弹出的界面中输入新旧密码，点击“确定”，完成密码修改。
7. 点击“应用”，完成修改。

2. 系统状态检查

（1）系统节点硬盘使用率查看

终端

文件(F) 编辑(E) 查看(V) 终端(T) 标签(B) 帮助(H)

```
pdwh1-1:/users/ems% df -k
文件系统                1K-块       已用       可用 已用% 挂载点
/dev/sda1             9920592    2714996    6693528  29% /
/dev/sda8            10379696     517412    9326520   6% /tmp
/dev/sda6             9920592    4969752    4438772  53% /usr
/dev/sda5             9920592     340508    9068016   4% /opt
/dev/sda2           109109824   56743564   46734276  55% /users
/dev/sda3            79356528    3229428   72030928   5% /users/ems/open2000e/var
tmpfs                 2018244          0    2018244   0% /dev/shm
192.158.1.5:/users/ems/ningbo_dms_view
                    136314880   94181504   42133376  70% /users/ems/ningbo_dms_vi
ew
pdwh1-1:/users/ems% 
```

打开终端，输入命令df -k查看磁盘各分区的硬盘空间及使用比例。硬盘各分区已用百分比在80%以上需要引起注意，重点关注/users和/users/ems/open2000e/var。

（2）系统节点CPU使用率与内存情况查看

终端

文件(F) 编辑(E) 查看(V) 终端(T) 标签(B) 帮助(H)

```
pdwh1-1:/users/ems% vmstat 2
procs -----------memory---------- ---swap-- -----io---- --system-- -----cpu-----
 r  b   swpd   free   buff  cache   si   so    bi    bo   in   cs us sy id wa st
 2  0 407484 263232 478328 232316    0    1     1    50    7    7 37  1 62  0  0
 0  0 407484 263004 478328 232316    0    0     0    26 1817 4954  8  1 91  0  0
 1  0 407484 262884 478328 232316    0    0     0    18 1874 4114  2  1 98  0  0
 0  0 407484 262888 478328 232316    0    0     0   270 3011 5350  1  2 98  0  0
 0  0 407484 262948 478328 232316    0    0     0    28 1189 3498  0  1 99  0  0
 0  0 407484 262696 478332 232312    0    0     0    28 2747 5074  0  1 99  0  0
 1  0 407484 262628 478336 232312    0    0     0   250 1267 3763  5  1 94  0  0
 0  0 407484 262744 478336 232312    0    0     0     0 1707 4055  2  1 98  0  0
 3  0 407484 262848 478336 232312    0    0     0    32 3191 7477 11  3 86  0  0
 2  0 407484 262528 478336 232312    0    0     0  1904 1412 7820 30  3 64  4  0
 0  0 407484 262528 478336 232312    0    0     0    28 3429 7682 15  3 83  0  0
 1  0 407484 262560 478336 232312    0    0     0   442 1286 3650  1  1 98  0  0
 0  0 407484 262560 478336 232312    0    0     0     0 1266 3578  1  0 98  0  0
 0  0 407484 262744 478340 232312    0    0     0    28 2705 5069  4  1 95  0  0
 0  0 407484 262744 478340 232312    0    0     0    20 1959 4150  1  1 98  0  0
 0  0 407484 262792 478340 232312    0    0     0    32 3084 5528  1  2 97  0  0
 0  0 407484 262792 478344 232312    0    0     0    22 1506 3821  2  1 97  0  0
 1  0 407484 262732 478344 232312    0    0     0     0 1364 3911  4  1 96  0  0
 3  0 407484 262592 478348 232312    0    0     0    28 2796 10257 32  3 65  0  0
 0  0 407484 262600 478352 232312    0    0     0  1056 1848 6515 18  2 80  0  0
```

打开终端，输入指令vmstat 2，查看服务器30s CPU使用率和内存使用情况。

（3）系统节点网络查看

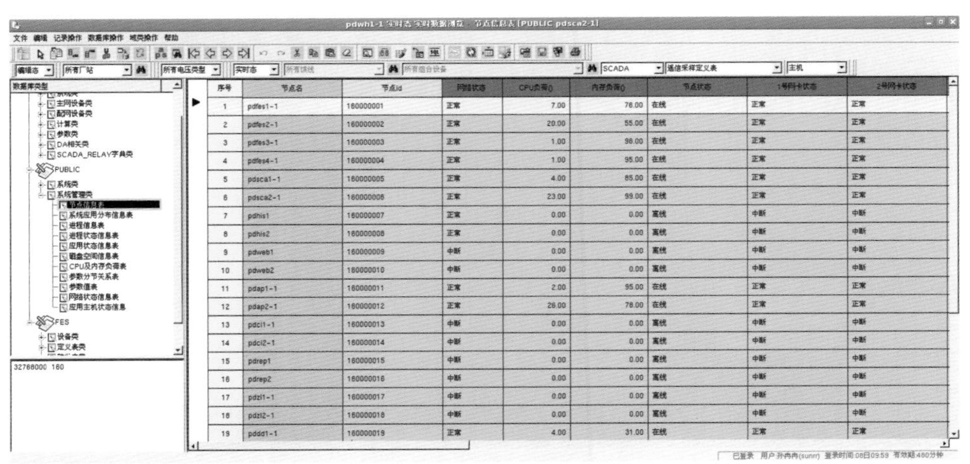

序号	节点名	节点id	网络状态	CPU负荷()	内存负荷()	节点状态	1号网卡状态	2号网卡状态
1	pdfes1-1	160000001	正常	7.00	78.00	在线	正常	正常
2	pdfes2-1	160000002	正常	20.00	55.00	在线	正常	正常
3	pdfes3-1	160000003	正常	1.00	98.00	在线	正常	正常
4	pdfes4-1	160000004	正常	1.00	95.00	在线	正常	正常
5	pdsca1-1	160000005	正常	4.00	85.00	在线	正常	正常
6	pdsca2-1	160000006	正常	23.00	99.00	在线	正常	正常
7	pdhis1	160000007	正常	0.00	0.00	离线	中断	中断
8	pdhis2	160000008	正常	0.00	0.00	离线	中断	中断
9	pdweb1	160000009	中断	0.00	0.00	离线	中断	中断
10	pdweb2	160000010	中断	0.00	0.00	离线	中断	中断
11	pdap1-1	160000011	正常	2.00	95.00	在线	正常	正常
12	pdap2-1	160000012	正常	26.00	78.00	在线	正常	正常
13	pdci1-1	160000013	中断	0.00	0.00	离线	中断	中断
14	pdci2-1	160000014	中断	0.00	0.00	离线	中断	中断
15	pdrep1	160000015	中断	0.00	0.00	离线	中断	中断
16	pdrep2	160000016	中断	0.00	0.00	离线	中断	中断
17	pdzl1-1	160000017	中断	0.00	0.00	离线	中断	中断
18	pdzl2-1	160000018	中断	0.00	0.00	离线	中断	中断
19	pddd1-1	160000019	正常	4.00	31.00	在线	正常	正常

打开终端，输入指令dbi，在public系统管理类目录下双击节点信息表，在右侧列表中查看各服务器或工作站网络状态是否正常。如有非正常的中断现象，需及时查明原因。

（4）数据库表空间使用情况

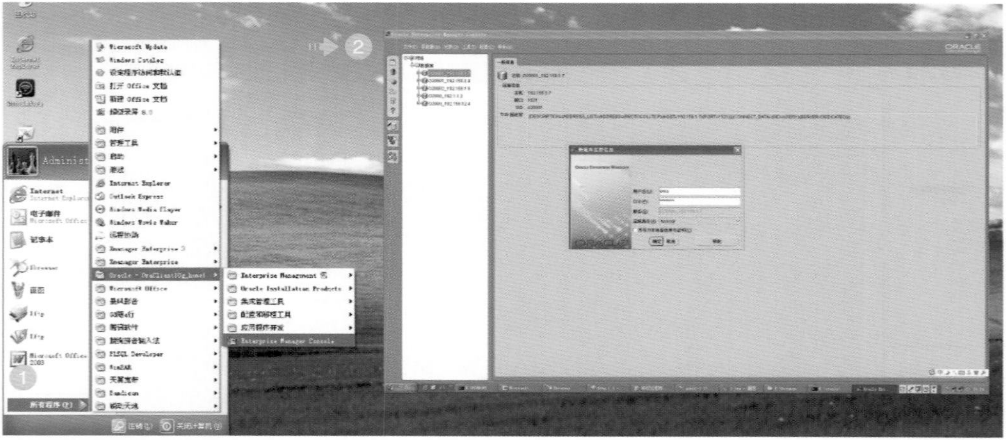

1. 在报表工作站中选择Oracle文件夹中的Enterprise Manager Console，双击进入登录界面。
2. 输入用户名密码，登录ORACLE数据库。

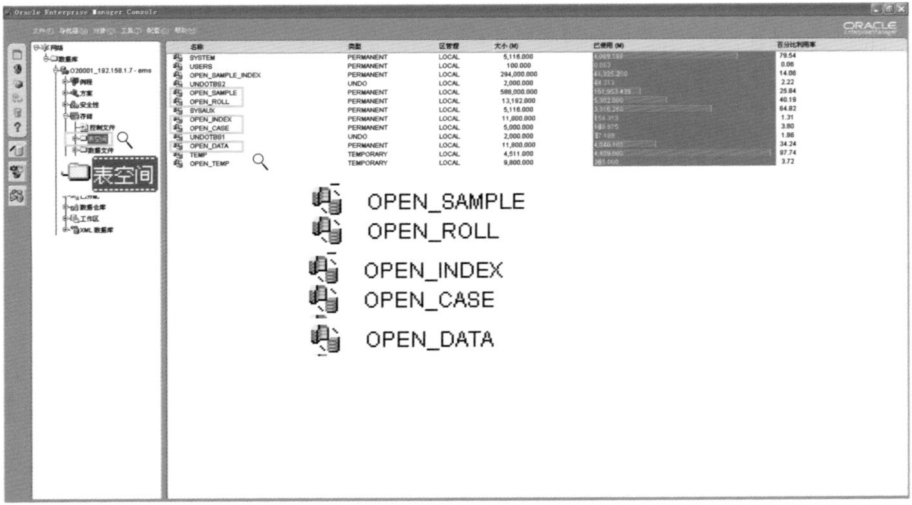

Oracle Enterprise Manager Console

名称	类型	区管理	大小 (M)	已使用 (M)	百分比利用率
SYSTEM	PERMANENT	LOCAL	5,116.000	4,069.188	79.54
USERS	PERMANENT	LOCAL	100.000	0.063	0.06
OPEN_SAMPLE_INDEX	PERMANENT	LOCAL	294,000.000	41,325.250	14.06
UNDOTBS2	UNDO	LOCAL	2,000.000	44.313	2.22
OPEN_SAMPLE	PERMANENT	LOCAL	588,000.000	151,953.438	25.84
OPEN_ROLL	PERMANENT	LOCAL	13,192.000	5,302.000	40.19
SYSAUX	PERMANENT	LOCAL	5,116.000	3,316.250	64.82
OPEN_INDEX	PERMANENT	LOCAL	11,800.000	154.313	1.31
OPEN_CASE	PERMANENT	LOCAL	5,000.000	189.875	3.80
UNDOTBS1	UNDO	LOCAL	2,000.000	37.188	1.86
OPEN_DATA	PERMANENT	LOCAL	11,800.000	4,040.188	34.24
TEMP	TEMPORARY	LOCAL	4,511.000	4,409.000	97.74
OPEN_TEMP	TEMPORARY	LOCAL	9,800.000	365.000	3.72

表空间

OPEN_SAMPLE
OPEN_ROLL
OPEN_INDEX
OPEN_CASE
OPEN_DATA

3. 选择需要查看表空间的服务器地址，双击存储目录下的表空间，窗口右侧查看表空间使用情况。需要重点关注前缀为open的表空间，其使用比例不宜过高。

（5）系统应用状态查看和切换

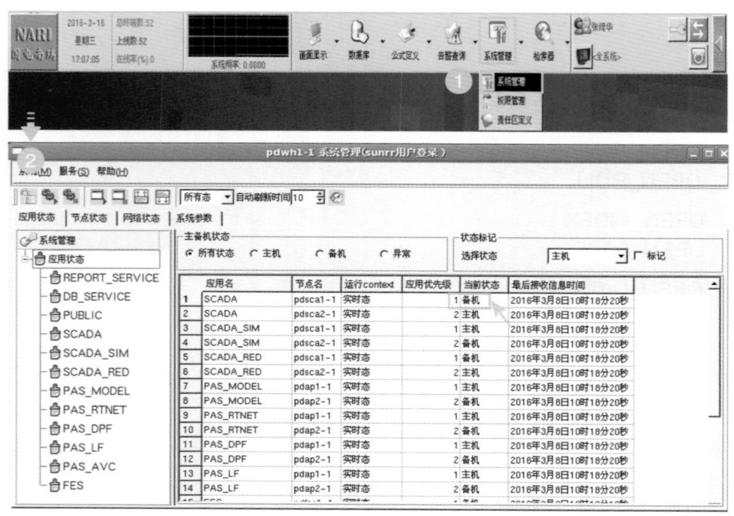

可通过“系统管理”对服务器应用状态进行查看和主备切换。

1. 通过总控台界面系统管理按钮下拉菜单进入。

2. 在弹出的系统管理界面上，点击“应用状态”，查看各服务器的主备情况。双击“备机”，完成主备切换。

（6）系统自动化告警信息查看

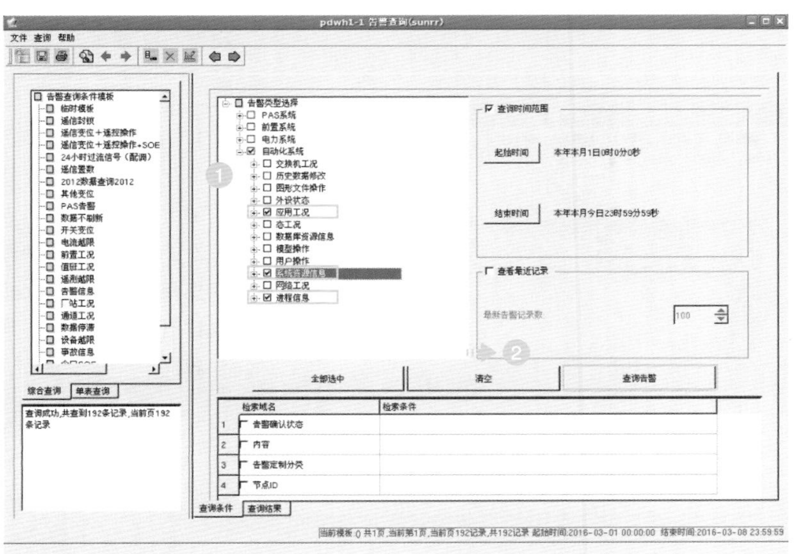

1. 点击总控台告警查询按钮，在弹出的告警查询窗口中，设置查询条件；在自动化系统目录下的“应用工况”“系统资源信息”“进程信息”前打勾。

2. 点击“查询告警”，根据告警结果，查看各节点是否存在异常情况，记录下异常节点。

3. 通信通道维护

通过点号生成工具可以自动生成通道、设置IP地址、选定ICE-104规约，提高工作效率。

（1）通道生成和点号录入

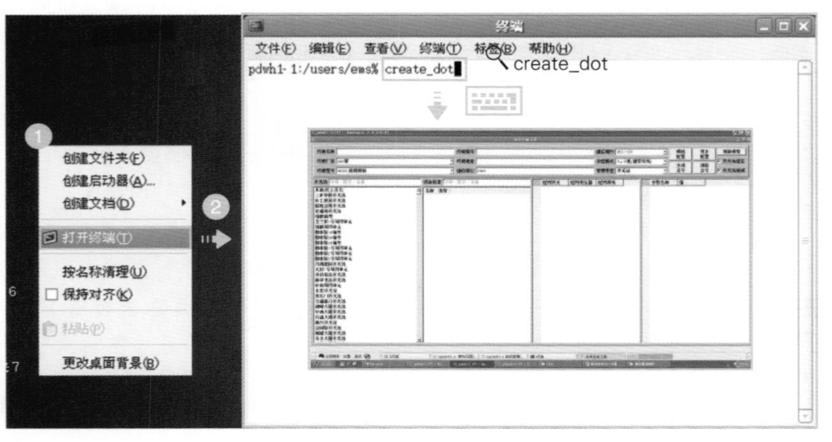

1. 在桌面用右键选择“打开终端”，打开终端界面。
2. 在终端界面中输入指令“create_dot”，打开点号生成工具主界面。

3. 在“开关站”栏中输入需要生成通道的站所名称，回车，查找并选择需要生成点号的站所。

4. 在“终端型号”栏选择终端型号（接地刀闸的模型生成与此类似）。

5. 在终端地址中输入对应站点的IP地址。
6. 将需要自动化改造的负荷开关按顺序拖至右边“配网开关”栏。
7. 点击“生成点号”，呈现生成点号对话框。
8. 核对遥信点号信息，无误后，点击生成点号，呈现再次确认生成点号对话框。
9. 点击确认，完成点号生成，新通道生成（接地刀闸通道生成与此类似）。

（2）通道维护

①终端信息表

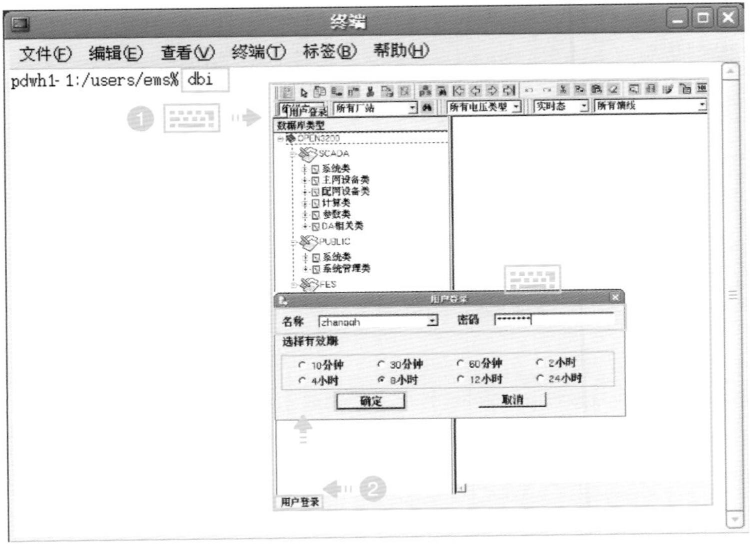

终端

文件(F) 编辑(E) 查看(V) 终端(T) 标签(B) 帮助(H)

pdwh1-1:/users/ems% dbi

用户登录

名称 zhangqh 密码

选择有效期

10分钟 30分钟 60分钟 2小时

4小时 8小时 12小时 24小时

确定 取消

1. 在终端界面中输入指令“dbi”，打开实时库。

2. 点击“用户登录”，输入登录者的名称和密码，进行用户登录。

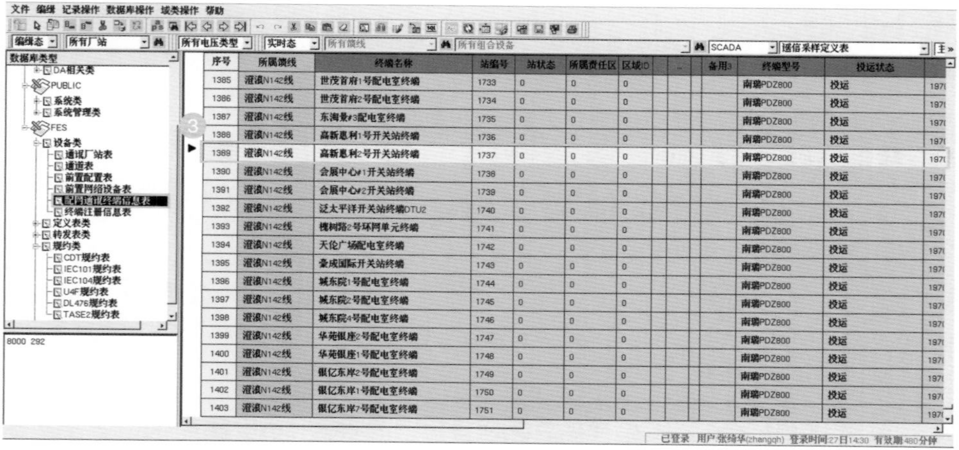

序号	所属馈线	终端名称	站编号	站状态	所属责任区	区域ID	...	备用3	终端型号	投运状态	
1385	滑浪N142线	世茂首府1号配电室终端	1733	0	0	0			南瑞PDZ800	投运	197
1386	滑浪N142线	世茂首府2号配电室终端	1734	0	0	0			南瑞PDZ800	投运	197
1387	滑浪N142线	东海景#3配电室终端	1735	0	0	0			南瑞PDZ800	投运	197
1388	滑浪N142线	高新惠利1号开关站终端	1736	0	0	0			南瑞PDZ800	投运	197
1389	滑浪N142线	高新惠利2号开关站终端	1737	0	0	0			南瑞PDZ800	投运	197
1390	滑浪N142线	会展中心#1开关站终端	1738	0	0	0			南瑞PDZ800	投运	197
1391	滑浪N142线	会展中心#2开关站终端	1739	0	0	0			南瑞PDZ800	投运	197
1392	滑浪N142线	泛太平洋开关站终端DTU2	1740	0	0	0			南瑞PDZ800	投运	197
1393	滑浪N142线	槐树路2号环网单元终端	1741	0	0	0			南瑞PDZ800	投运	197
1394	滑浪N142线	天伦广场配电室终端	1742	0	0	0			南瑞PDZ800	投运	197
1395	滑浪N142线	豪成国际开关站终端	1743	0	0	0			南瑞PDZ800	投运	197
1396	滑浪N142线	城东院1号配电室终端	1744	0	0	0			南瑞PDZ800	投运	197
1397	滑浪N142线	城东院2号配电室终端	1745	0	0	0			南瑞PDZ800	投运	197
1398	滑浪N142线	城东院4号配电室终端	1746	0	0	0			南瑞PDZ800	投运	197
1399	滑浪N142线	华苑银座2号配电室终端	1747	0	0	0			南瑞PDZ800	投运	197
1400	滑浪N142线	华苑银座1号配电室终端	1748	0	0	0			南瑞PDZ800	投运	197
1401	滑浪N142线	银亿东岸2号配电室终端	1749	0	0	0			南瑞PDZ800	投运	197
1402	滑浪N142线	银亿东岸1号配电室终端	1750	0	0	0			南瑞PDZ800	投运	197
1403	滑浪N142线	银亿东岸7号配电室终端	1751	0	0	0			南瑞PDZ800	投运	197

已登录　用户 张绮华(zhangqh)　登录时间27日14:30　有效期480分钟

3. 在FES→设备类→配网通信终端信息表中查看新生成的终端信息，并双击“站编号”“所属馈线”等内容对其进行编辑，形成完整的通信终端信息。修改了配网通信终端信息表的信息并保存后，对应记录会在通信厂站表中同步更新。

②通信厂站表

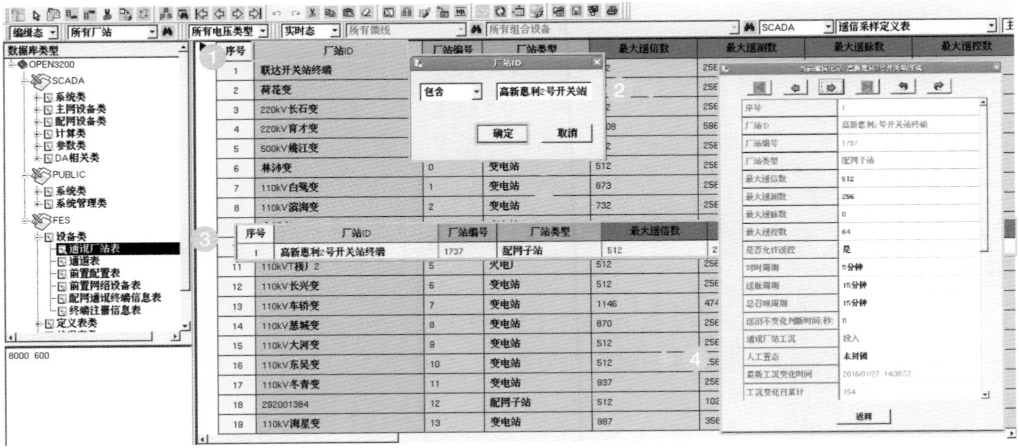

1. 在FES→设备类→通信厂站表中查看新生成的终端信息。
2. 输入需查找的厂站名称，点击“确定”按钮，检索到该厂站。
3. 双击序号，打开信息栏。
4. 查看一条通信厂站记录的相关信息（重点关注：最大遥信数、最大遥测数、是否允许遥控）。

③通道表

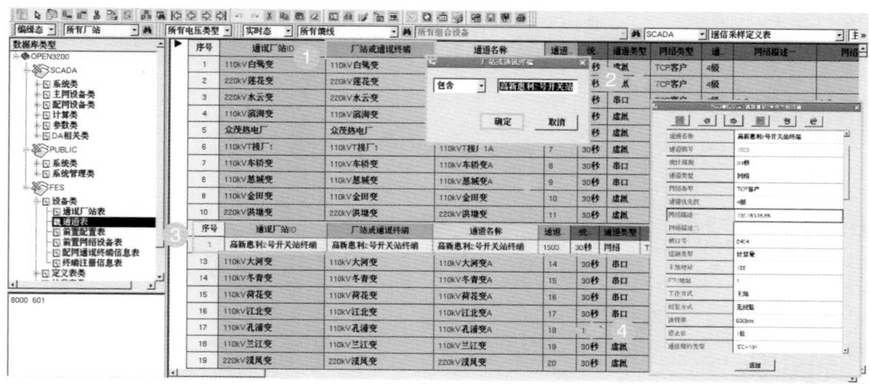

1. 双击“厂站或通信终端”，弹出查询框。
2. 输入需查找的厂站名称，点击“确定”按钮，检索到该厂站。
3. 双击序号，打开信息栏。
4. 查看一条通信厂站记录的相关信息（通道的IP地址、端口号、主站地址、通信规约类等），若信息有误可进行修改。

④IEC104规约

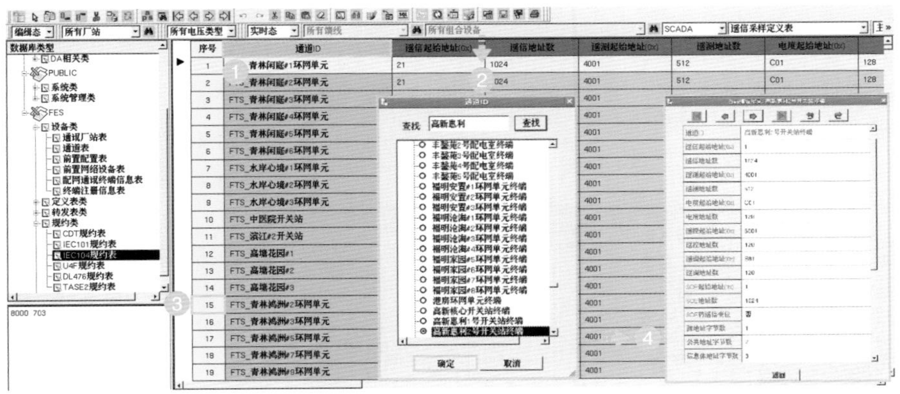

1. 双击“通道ID”，弹出查询框。

2. 输入需查找的厂站名称，点击“确定”按钮，检索到该厂站。

3. 双击序号，打开信息栏。

4. 查看通信厂站记录的相关信息，主站与终端设置需相同（一般情况下遥信起始地址设为1或21，遥测起始地址为4001，遥控起始地址为6001）。

4. 远动点表维护

①配网开关刀闸表

配网开关刀闸表包含开关站中所有间隔信息，如所属馈线，所属开关站，各间隔节点号，遥信、遥测状态等。

双击序号，可以查看开关站某个设备的相关信息，包含设备资产ID、开关类型、节点号等。配网设备的拓扑连接关系通过节点号来实现，当发现系统拓扑不正确时，可通过在该表中查找节点号来纠错。

②保护节点表

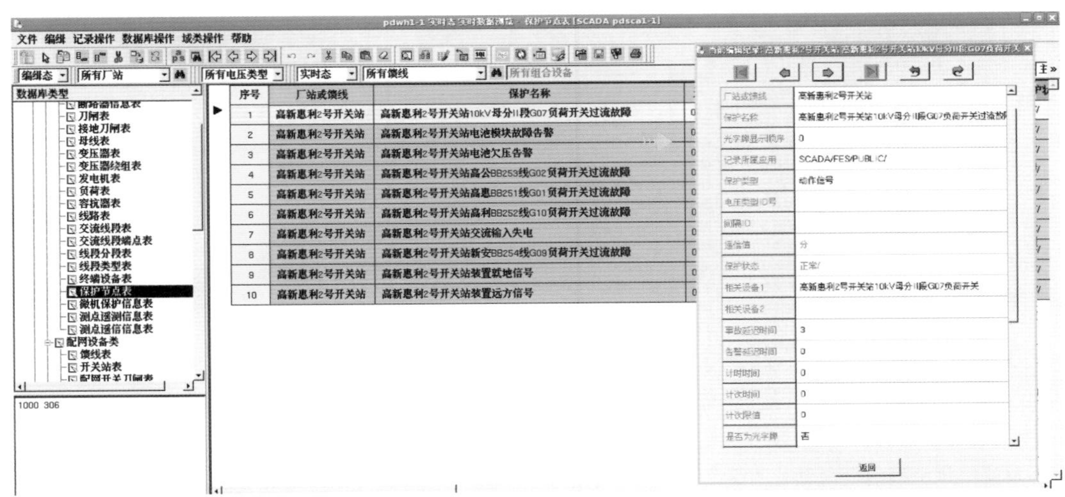

保护节点表包含自动化间隔过流信号、公共信号的保护类型、保护状态，关联的对应设备等。双击序号可以查看开关站的公共信号和过流信号。

③前置遥信定义表

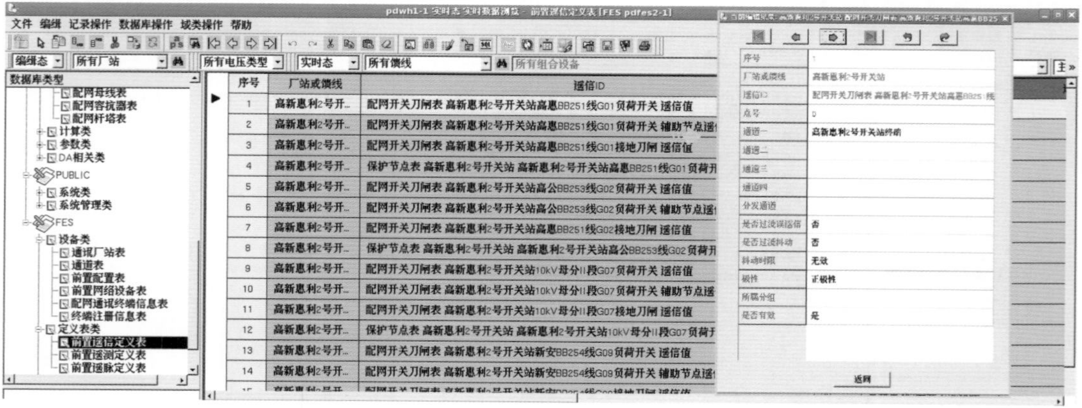

pdwh1-1 实时态 实时数据浏览 - 前置遥信定义表 [FES pdfes2-1]

文件 编辑 记录操作 数据库操作 域类操作 帮助

编辑态 | 所有厂站 | 所有电压类型 | 实时态 | 所有馈线 | 所有组合设备

数据库类型
- 配网母线表
- 配网容抗器表
- 配网杆塔表
- 计算类
- 参数类
- DA相关类
- PUBLIC
  - 系统类
  - 系统管理类
- FES
  - 设备类
    - 通讯厂站表
    - 通道表
    - 前置配置表
    - 前置网络设备表
    - 配网通讯终端信息表
    - 终端注册信息表
  - 定义表类
    - 前置遥信定义表
    - 前置遥测定义表
    - 前置遥脉定义表

序号	厂站或馈线	遥信ID
1	高新惠利2号开...	配网开关刀闸表 高新惠利2号开关站高惠BB251线G01负荷开关 遥信值
2	高新惠利2号开...	配网开关刀闸表 高新惠利2号开关站高惠BB251线G01负荷开关 辅助节点遥
3	高新惠利2号开...	配网开关刀闸表 高新惠利2号开关站高惠BB251线G01接地刀闸 遥信值
4	高新惠利2号开...	保护节点表 高新惠利2号开关站 高新惠利2号开关站高惠BB251线G01负荷开
5	高新惠利2号开...	配网开关刀闸表 高新惠利2号开关站高公BB253线G02负荷开关 遥信值
6	高新惠利2号开...	配网开关刀闸表 高新惠利2号开关站高公BB253线G02负荷开关 辅助节点遥
7	高新惠利2号开...	配网开关刀闸表 高新惠利2号开关站高惠BB251线G02接地刀闸 遥信值
8	高新惠利2号开...	保护节点表 高新惠利2号开关站 高新惠利2号开关站高公BB253线G02负荷开
9	高新惠利2号开...	配网开关刀闸表 高新惠利2号开关站10kV母分II段G07负荷开关 遥信值
10	高新惠利2号开...	配网开关刀闸表 高新惠利2号开关站10kV母分II段G07负荷开关 辅助节点遥
11	高新惠利2号开...	配网开关刀闸表 高新惠利2号开关站10kV母分II段G07接地刀闸 遥信值
12	高新惠利2号开...	保护节点表 高新惠利2号开关站 高新惠利2号开关站10kV母分II段G07负荷开
13	高新惠利2号开...	配网开关刀闸表 高新惠利2号开关站新安BB254线G09负荷开关 遥信值
14	高新惠利2号开...	配网开关刀闸表 高新惠利2号开关站新安BB254线G09负荷开关 辅助节点遥

序号	1
厂站或馈线	高新惠利2号开关站
遥信ID	配网开关刀闸表 高新惠利2号开关站高惠BB251线
点号	0
通道一	高新惠利2号开关站终端
通道二	
通道三	
通道四	
分发通道	
是否过滤误遥信	否
是否过滤抖动	否
抖动时限	无效
极性	正极性
所属分组	
是否有效	是

返回

前置遥信定义表包含自动化改造间隔的遥信信号和公共信号，其对应的遥信点号以及关联的通道。双击序号可以查看开关站某个间隔的相关信息，包含自动化改造间隔的遥信名称、其对应的遥信点号、关联的通道以及极性。“极性”分为正极性和反极性。正极性是指主站信号与现场信号一致，反极性是指主站信号与现场信号相反。

④前置遥测定义表

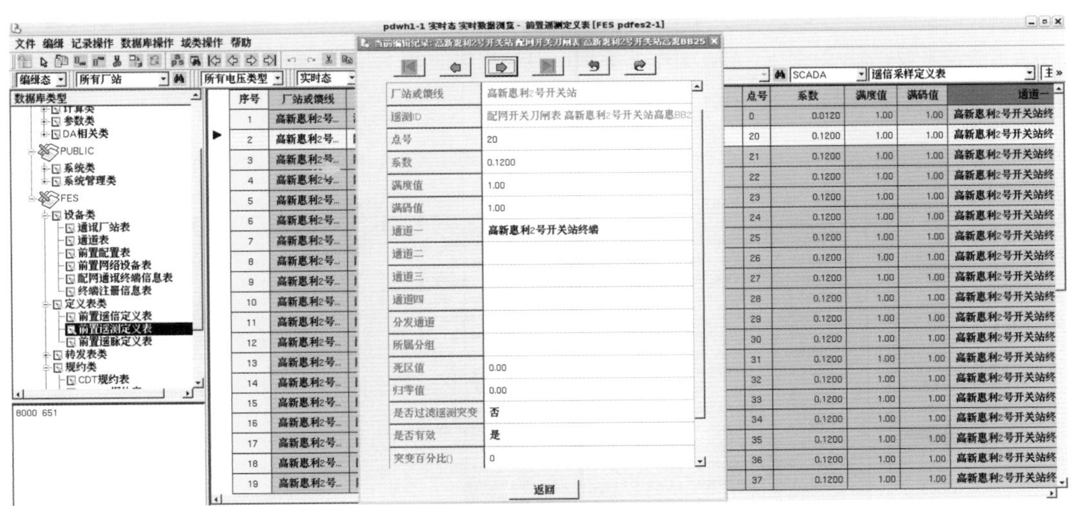

前置遥测定义表包含自动化改造间隔的遥测名称和电池电压，其对应的遥测点号、遥测系数及关联的通道。双击序号可以查看某个间隔的相关信息。

- 修改变比系数

以主流配电终端为例，现场TA变比有两种：变比是400/5时，系数应为0.08；变比为600/5时，系数为0.12。当$\mu=\phi/k$（μ为遥测值系数，ϕ为TA变比，k为DTU转换系数)，变比发生变更时，可以通过以下两种方法来修改系数：

方法一：逐条修改“系数”这个域的数值。

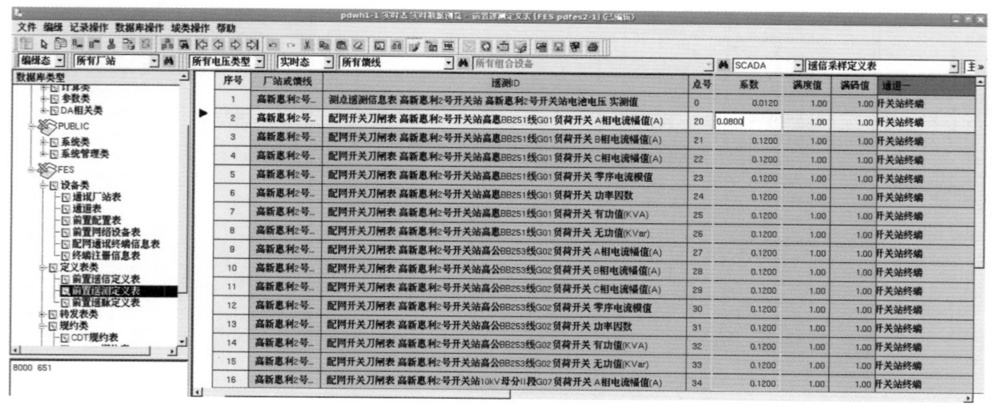

序号	厂站或馈线	遥测ID	点号	系数	满度值	满码值	通道一
1	高新惠利2号...	测点遥测信息表 高新惠利2号开关站 高新惠利2号开关站电池电压 实测值	0	0.0120	1.00	1.00	开关站终端
2	高新惠利2号...	配网开关刀闸表 高新惠利2号开关站高惠BB251线G01负荷开关 A相电流幅值(A)	20	0.0800	1.00	1.00	开关站终端
3	高新惠利2号...	配网开关刀闸表 高新惠利2号开关站高惠BB251线G01负荷开关 B相电流幅值(A)	21	0.1200	1.00	1.00	开关站终端
4	高新惠利2号...	配网开关刀闸表 高新惠利2号开关站高惠BB251线G01负荷开关 C相电流幅值(A)	22	0.1200	1.00	1.00	开关站终端
5	高新惠利2号...	配网开关刀闸表 高新惠利2号开关站高惠BB251线G01负荷开关 零序电流模值	23	0.1200	1.00	1.00	开关站终端
6	高新惠利2号...	配网开关刀闸表 高新惠利2号开关站高惠BB251线G01负荷开关 功率因数	24	0.1200	1.00	1.00	开关站终端
7	高新惠利2号...	配网开关刀闸表 高新惠利2号开关站高惠BB251线G01负荷开关 有功值(KVA)	25	0.1200	1.00	1.00	开关站终端
8	高新惠利2号...	配网开关刀闸表 高新惠利2号开关站高惠BB251线G01负荷开关 无功值(KVar)	26	0.1200	1.00	1.00	开关站终端
9	高新惠利2号...	配网开关刀闸表 高新惠利2号开关站高公BB253线G02负荷开关 A相电流幅值(A)	27	0.1200	1.00	1.00	开关站终端
10	高新惠利2号...	配网开关刀闸表 高新惠利2号开关站高公BB253线G02负荷开关 B相电流幅值(A)	28	0.1200	1.00	1.00	开关站终端
11	高新惠利2号...	配网开关刀闸表 高新惠利2号开关站高公BB253线G02负荷开关 C相电流幅值(A)	29	0.1200	1.00	1.00	开关站终端
12	高新惠利2号...	配网开关刀闸表 高新惠利2号开关站高公BB253线G02负荷开关 零序电流模值	30	0.1200	1.00	1.00	开关站终端
13	高新惠利2号...	配网开关刀闸表 高新惠利2号开关站高公BB253线G02负荷开关 功率因数	31	0.1200	1.00	1.00	开关站终端
14	高新惠利2号...	配网开关刀闸表 高新惠利2号开关站高公BB253线G02负荷开关 有功值(KVA)	32	0.1200	1.00	1.00	开关站终端
15	高新惠利2号...	配网开关刀闸表 高新惠利2号开关站高公BB253线G02负荷开关 无功值(KVar)	33	0.1200	1.00	1.00	开关站终端
16	高新惠利2号...	配网开关刀闸表 高新惠利2号开关站10kV母分II段G07负荷开关 A相电流幅值(A)	34	0.1200	1.00	1.00	开关站终端

方法二：通过“域值设定”批量修改“系数”这个域的数值。

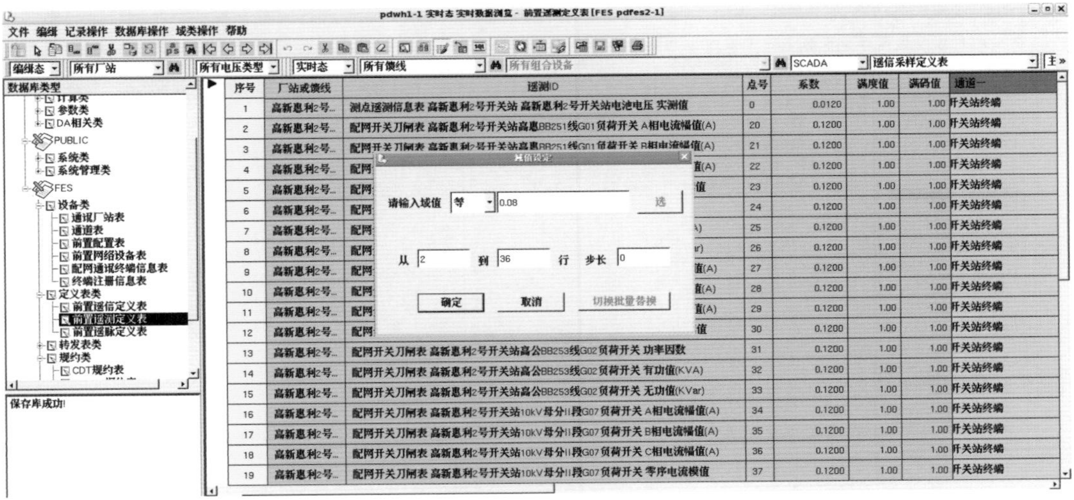

序号	厂站或馈线	遥测ID	点号	系数	满度值	满码值	通道一
1	高新惠利2号...	测点遥测信息表 高新惠利2号开关站 高新惠利2号开关站电池电压 实测值	0	0.0120	1.00	1.00	开关站终端
2	高新惠利2号...	配网开关刀闸表 高新惠利2号开关站高惠BB251线G01 负荷开关 A相电流幅值(A)	20	0.1200	1.00	1.00	开关站终端
3	高新惠利2号...	配网开关刀闸表 高新惠利2号开关站高惠BB251线G01 负荷开关 B相电流幅值(A)	21	0.1200	1.00	1.00	开关站终端
4	高新惠利2号...	配网 … 值(A)	22	0.1200	1.00	1.00	开关站终端
5	高新惠利2号...	配网 … 值	23	0.1200	1.00	1.00	开关站终端
6	高新惠利2号...	配网 …	24	0.1200	1.00	1.00	开关站终端
7	高新惠利2号...	配网 … A)	25	0.1200	1.00	1.00	开关站终端
8	高新惠利2号...	配网 … r)	26	0.1200	1.00	1.00	开关站终端
9	高新惠利2号...	配网 … 值(A)	27	0.1200	1.00	1.00	开关站终端
10	高新惠利2号...	配网 … 值(A)	28	0.1200	1.00	1.00	开关站终端
11	高新惠利2号...	配网 … 值(A)	29	0.1200	1.00	1.00	开关站终端
12	高新惠利2号...	配网 … 值	30	0.1200	1.00	1.00	开关站终端
13	高新惠利2号...	配网开关刀闸表 高新惠利2号开关站高公BB253线G02 负荷开关 功率因数	31	0.1200	1.00	1.00	开关站终端
14	高新惠利2号...	配网开关刀闸表 高新惠利2号开关站高公BB253线G02 负荷开关 有功值(KVA)	32	0.1200	1.00	1.00	开关站终端
15	高新惠利2号...	配网开关刀闸表 高新惠利2号开关站高公BB253线G02 负荷开关 无功值(KVar)	33	0.1200	1.00	1.00	开关站终端
16	高新惠利2号...	配网开关刀闸表 高新惠利2号开关站10kV母分II段G07 负荷开关 A相电流幅值(A)	34	0.1200	1.00	1.00	开关站终端
17	高新惠利2号...	配网开关刀闸表 高新惠利2号开关站10kV母分II段G07 负荷开关 B相电流幅值(A)	35	0.1200	1.00	1.00	开关站终端
18	高新惠利2号...	配网开关刀闸表 高新惠利2号开关站10kV母分II段G07 负荷开关 C相电流幅值(A)	36	0.1200	1.00	1.00	开关站终端
19	高新惠利2号...	配网开关刀闸表 高新惠利2号开关站10kV母分II段G07 负荷开关 零序电流模值	37	0.1200	1.00	1.00	开关站终端

⑤遥控关系表

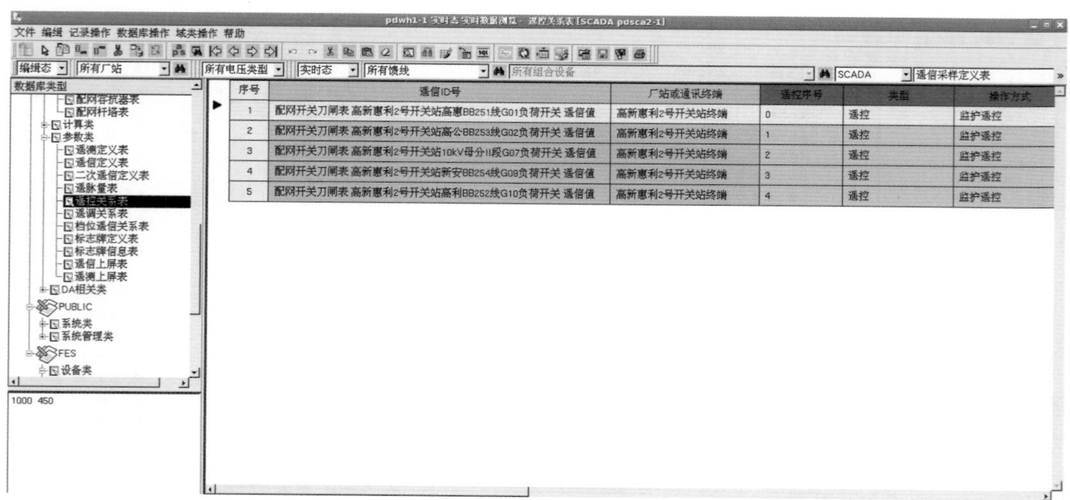

遥控关系表列出的是自动化改造间隔的遥控名称、其对应的遥控点号及关联的通道。

（三）图形维护

1. 图形导入

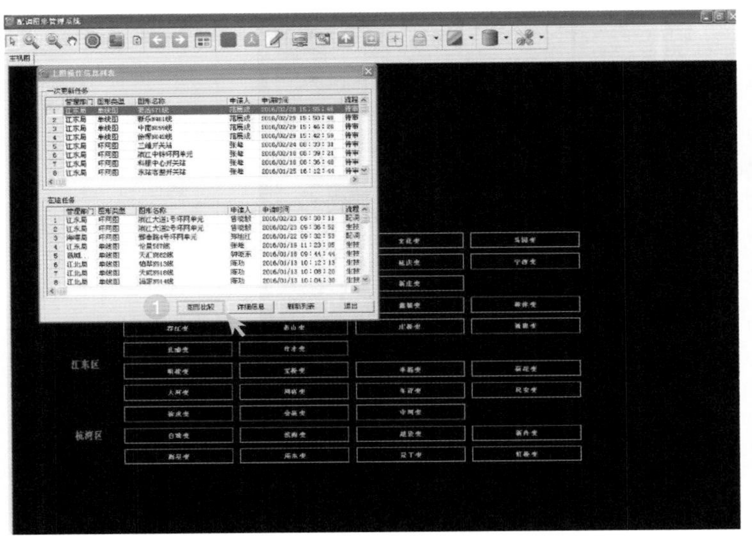

完成GIS图形绘制，上图至配调图形管理系统，由配调相关人员根据异动内容对原图和现图形进行比较、核对。

1. 点击“图形比较”进行查看。

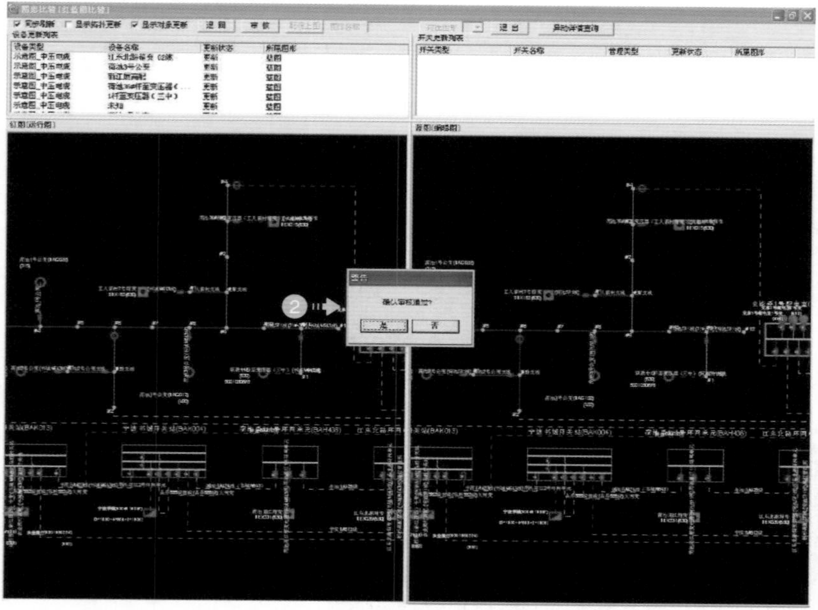

2. 对红、蓝图不同之处进行对比、校核。若审核正确，点击“审核”，再点击“配调上图”，将图形上传至配调图形管理系统；若审核有误，点击“退回”，回退至GIS。

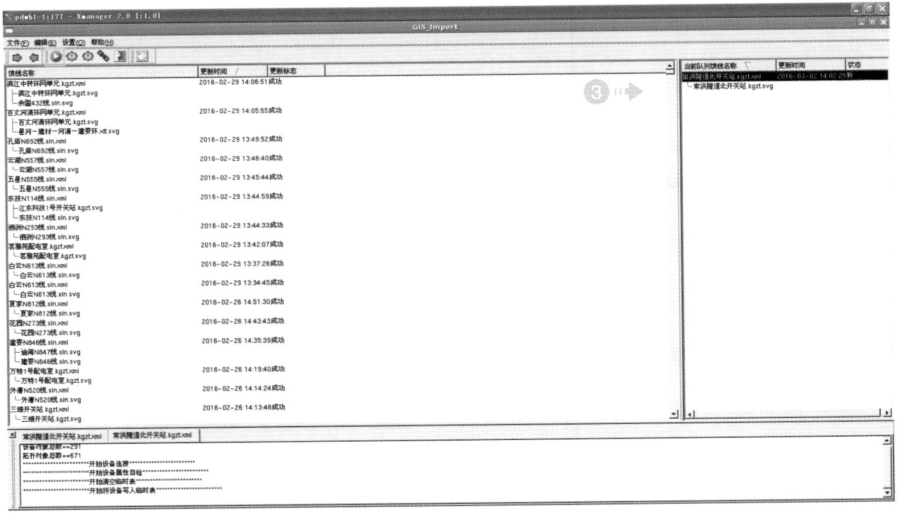

3. 运用图模导入软件，将图模导入3200系统。将左栏需要导入的图模拖至右栏，点击“自动”按钮，开始导图。

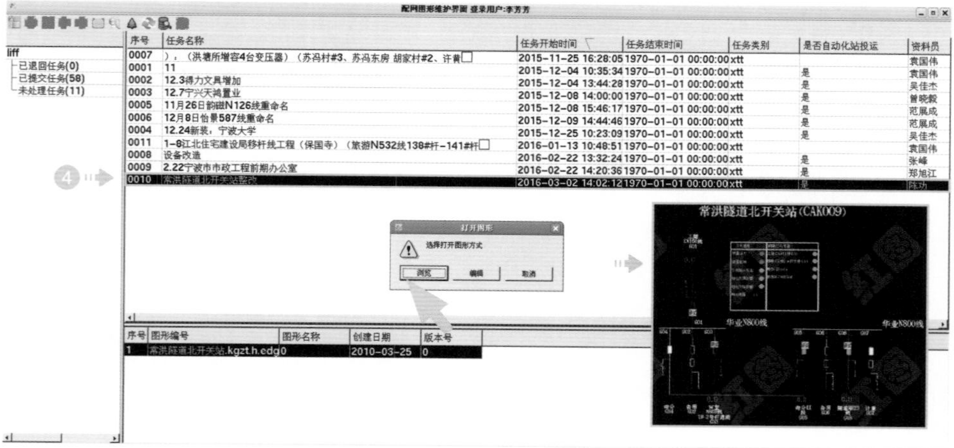

配网图形维护界面 登录用户:李芳芳

liff
- 已退回任务(0)
- 已提交任务(58)
- 未处理任务(11)

序号	任务名称	任务开始时间	任务结束时间	任务类别	是否自动化站投运	资料员
0007	），（洪塘所增容4台变压器）（苏冯村#3、苏冯东房 胡家村#2、许黄	2015-11-25 16:28:05	1970-01-01 00:00:00	xtt		袁国伟
0001	11	2015-12-04 10:35:34	1970-01-01 00:00:00	xtt	是	袁国伟
0002	12.3得力文具增加	2015-12-04 13:44:28	1970-01-01 00:00:00	xtt	是	吴佳杰
0003	12.7宁兴天鸿置业	2015-12-08 14:00:00	1970-01-01 00:00:00	xtt	是	曾晓毅
0005	11月26日韵磁N126线重命名	2015-12-08 15:46:17	1970-01-01 00:00:00	xtt	是	范展成
0006	12月8日怡景587线重命名	2015-12-09 14:44:46	1970-01-01 00:00:00	xtt	是	范展成
0004	12.24新装，宁波大学	2015-12-25 10:23:09	1970-01-01 00:00:00	xtt	是	吴佳杰
0011	1-8江北住宅建设局移杆线工程（保国寺）（旅游N532线138#杆-141#杆	2016-01-13 10:48:51	1970-01-01 00:00:00	xtt		袁国伟
0008	设备改造	2016-02-22 13:32:24	1970-01-01 00:00:00	xtt	是	张峰
0009	2.22宁波市市政工程前期办公室	2016-02-22 14:20:36	1970-01-01 00:00:00	xtt	是	郑旭江
0010	常洪隧道北开关站整改	2016-03-02 14:02:12	1970-01-01 00:00:00	xtt	是	陈功

打开图形

选择打开图形方式

浏览 编辑 取消

序号	图形编号	图形名称	创建日期	版本号
1	常洪隧道北开关站.kgzt.h.edg	0	2010-03-25	0

常洪隧道北开关站(CAK009)

华业N800线 华业N800线

4. 打开“配网图形维护界面”，登录后在异动任务列表中查看。双击图形编号列表，可以查看红图状态的图形。若图形正确，则可以进行下一步流程流转；若图形不正确，则退回。

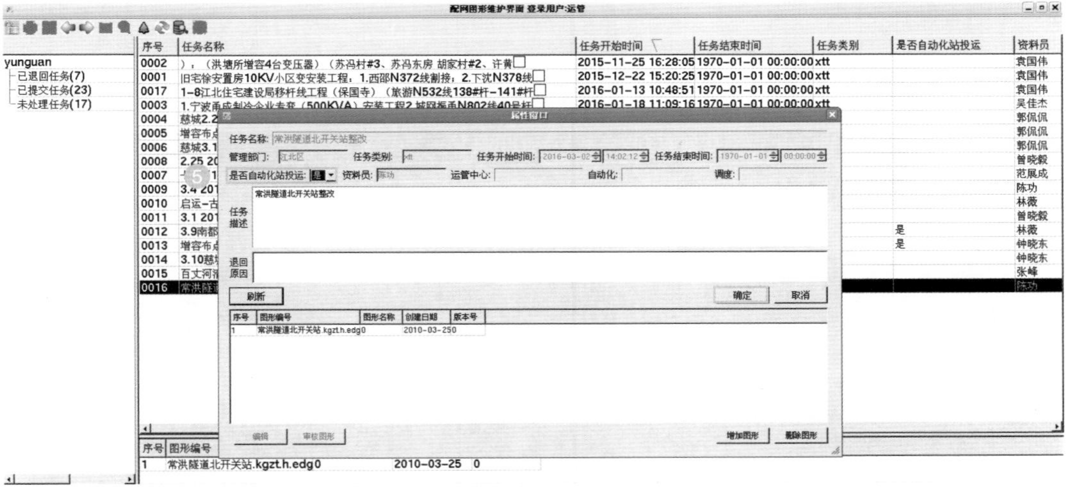

5. 在属性窗口中进行相关设置，点击“确定”后异动流程转至配调处进行审核。配调将红图态投运至黑图态，从而完成了图模的投运。

2. 光字牌制作

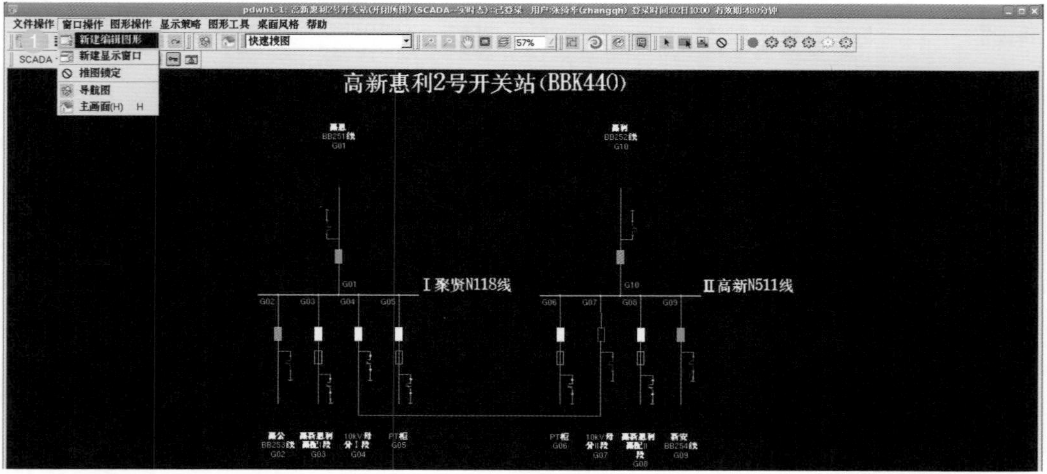

1. 光字牌中包含公共信号、负荷开关过流信号和电池电压值。制作光字牌就是将站内的对应信息进行关联，可以方便运维人员查看。进入相应站室图，点击“新建编辑图形”，弹出编辑图形框。

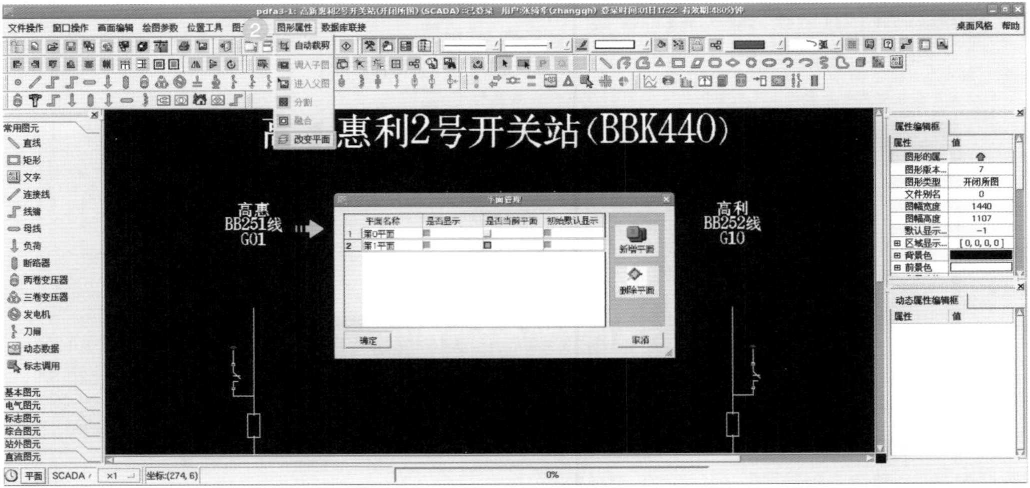

2. 点击“图形属性”下的“改变平面”，弹出“平面管理”界面，选择第1平面。若无第1平面，则点击“新增平面”来增加。

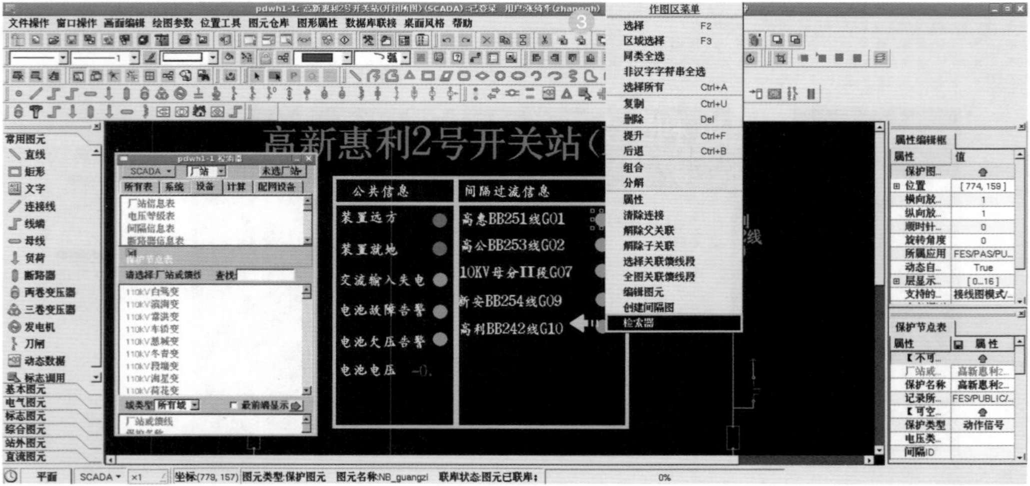

3. 复制光字牌模板至本图层下，调整光字牌位置，输入相应的间隔命名。选中保护图元，右键点击“检索器”，弹出“检索器”界面。

4. 在保护节点表中对保护图元（公共信号、间隔过流信号）进行对应关联。在测点遥测定义表中，将电池电压进行对应关联。最后点击“网络保存”对操作进行保存，然后关闭编辑界面。

3. 遥测关联

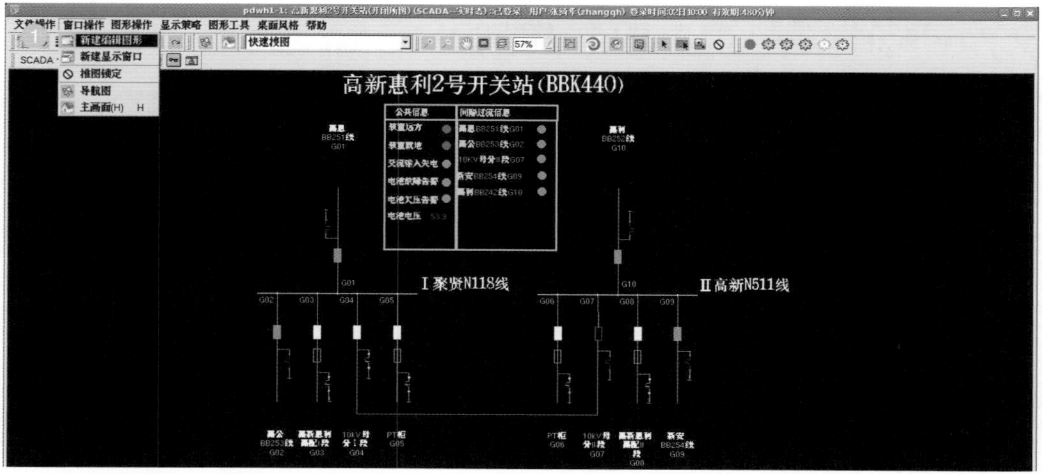

1. 遥测关联就是指将自动化改造间隔的遥测值进行相应的关联，展现在专题图中，方便运行和维护人员查看。遥测关联常用于站室图和系统图中。点击“新建编辑图形”，弹出编辑窗口。

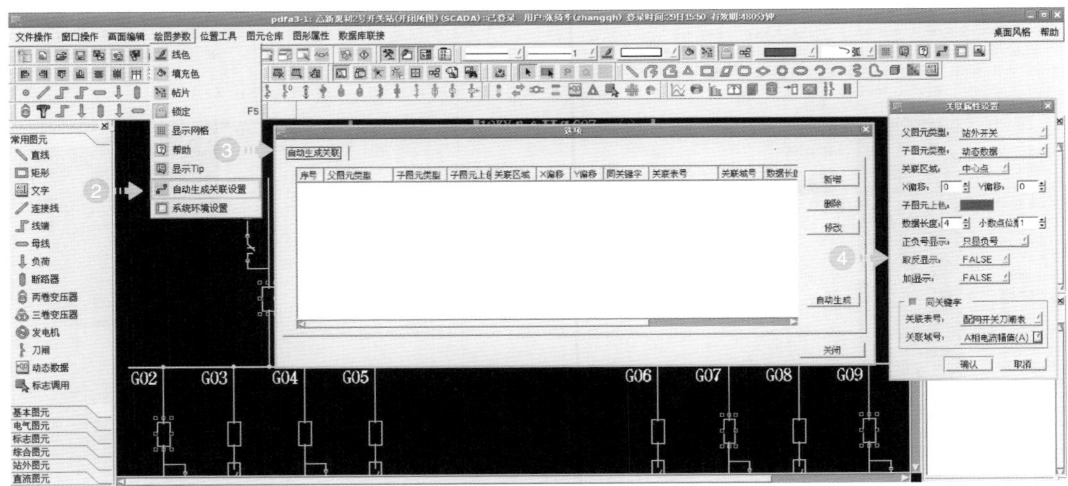

2. 选中进行遥测关联间隔的负荷开关，点击“绘图参数”中的“自动生成关联设置”。

3. 出现“选项”框，点击“新增”。

4. 设置相应参数：父图元类型→站外开关、子图元类型→动态数据、小数点位→1、关联域号→A相电流幅值，完成后点击“确定”。

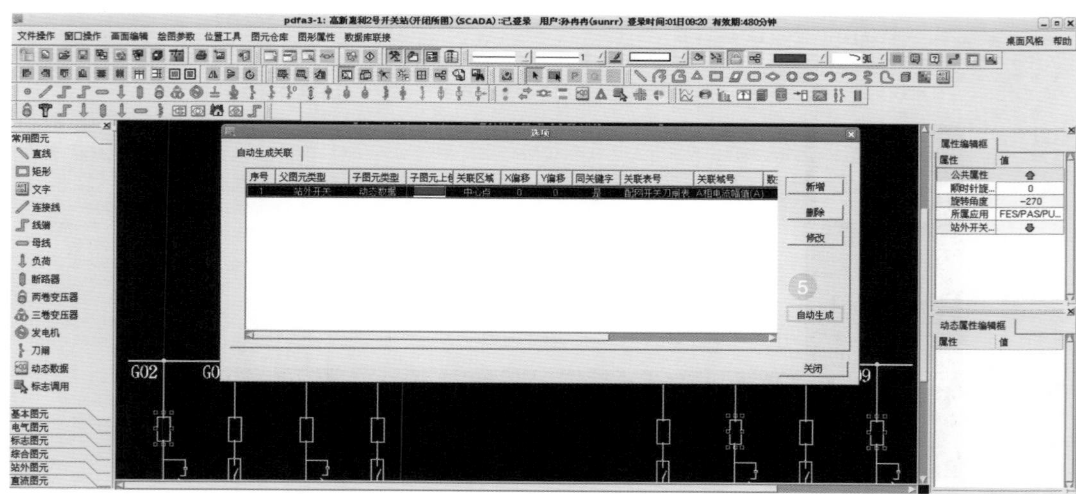

5. 点击“自动生成”，自动生成开关遥测值。将遥测值移动至对应的位置后进行保存。

4. 图形调整

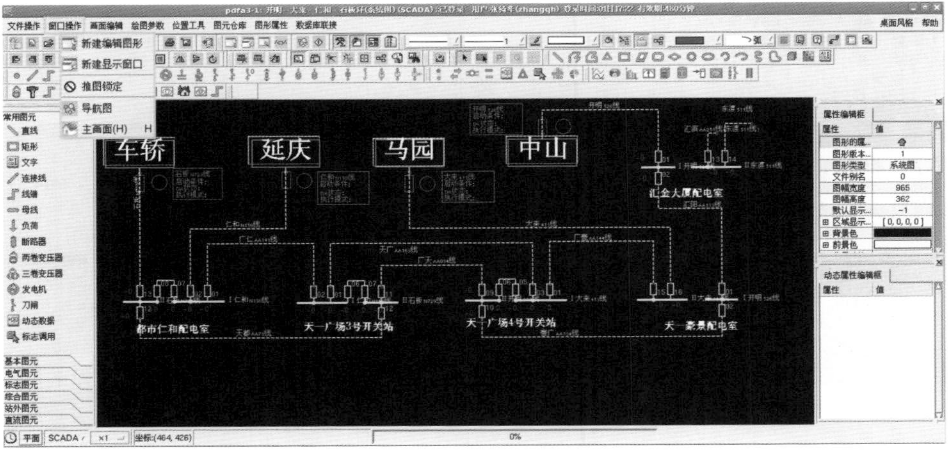

图形调整就是指将专题图中所展示的开关、接地刀闸、电缆、架空线等位置进行调整，使图形看上去更加整洁、美观。图形调整常应用于4种专题图中。点击“窗口操作”中的“新建编辑图形”，可以对相应图层中的图形进行位置调整。

5. 图形链接

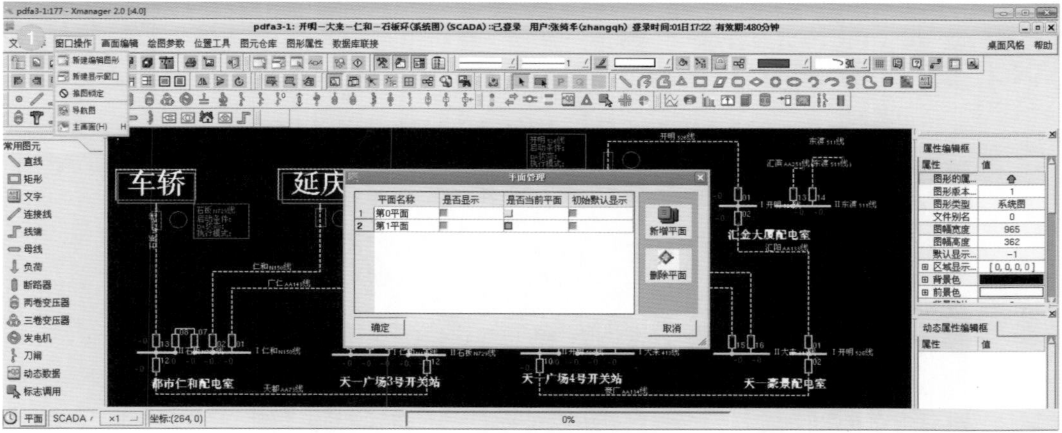

pdfa3-1:177 - Xmanager 2.0 [:4.0]

pdfa3-1: 开明—大来—仁和—石板环(系统图)(SCADA)::已登录 用户:张琦冬(zhangqh) 登录时间:01日17:22 有效期:480分钟

文件 窗口操作 画面编辑 绘图参数 位置工具 图元仓库 图形属性 数据库联接 桌面风格 帮助

新建编辑图形 新建显示窗口 推图锁定 导航图 主画面(H)

平面管理

	平面名称	是否显示	是否当前平面	初始默认显示
1	第0平面			
2	第1平面			

新增平面 删除平面 确定 取消

常用图元：直线 矩形 文字 连接线 线端 母线 负荷 断路器 两卷变压器 三卷变压器 发电机 刀闸 动态数据 标志调用

属性编辑框：图形的属... 图形版本... 1 图形类型 系统图 文件别名 0 图幅宽度 965 图幅高度 362 默认显示... -1 区域显示... [0, 0, 0, 0] 背景色 前景色

车轿 延庆 汇金大厦配电室 都市仁和配电室 天一广场3号开关站 天一广场4号开关站 天一豪景配电室

平面 SCADA ×1 坐标:(264, 0) 0%

图形链接是指建立相关图形的跳转链接，方便运行和维护人员查看。图形链接常用于不同图形之间的跳转。

1. 点击“窗口操作”中的“新建编辑图形”，建立新的平面。

2. 将跳转链接模板放置到需要建立图形链接的图形上，选中绿色矩形框，右键点击“属性”。
3. 弹出属性框，点击“选择图形文件”。
4. 选定相应的变电站图或系统图，点击“确认”，完成图形链接。

（四）主站“二遥”对点

主站“二遥”对点操作分为通道检查、遥信对点、遥测对点三个部分。

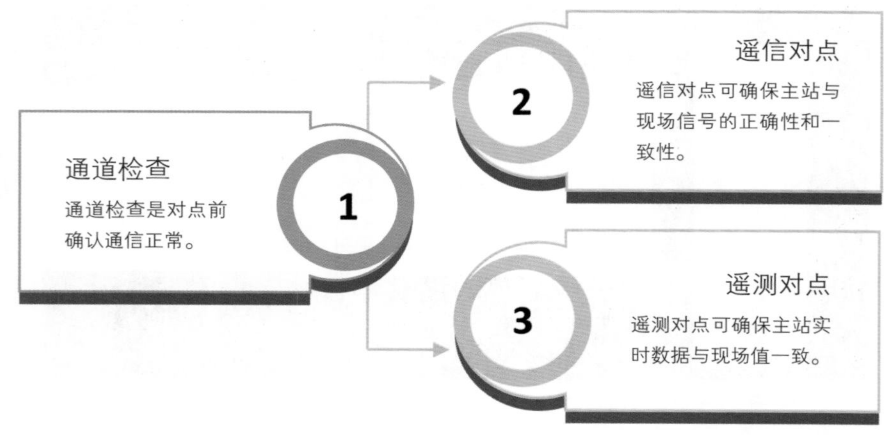

1. 通道检查

可通过站内图查看或前置报文查看的方式对站点通道是否开通进行判定。

（1）站内图查看

通道正常时，遥信、遥测数据显示正常；通道退出时，全站显示为灰色。

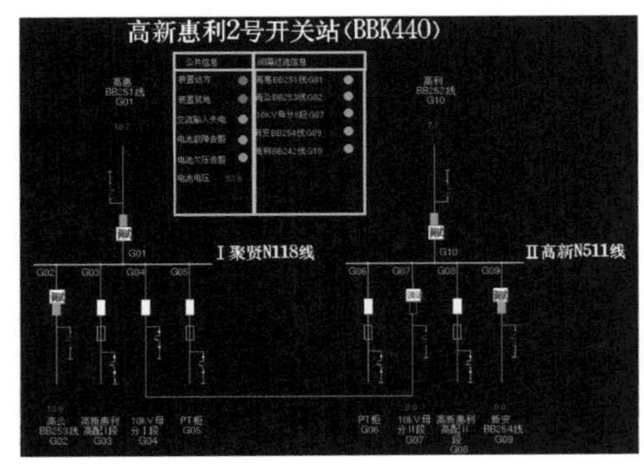

通道正常

通道退出

（2）报文查看

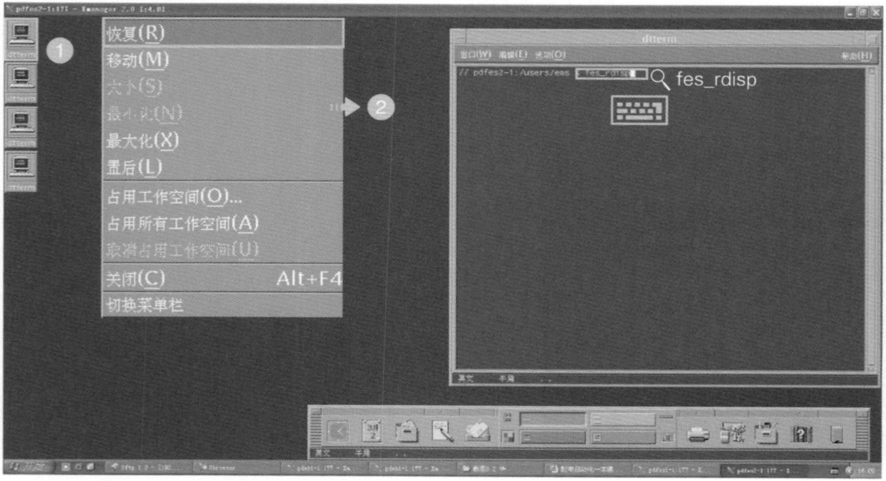

1. 打开前置fes界面，输入用户名、密码，进入系统。
2. 开启dtterm输入指令“fes_rdisp”，开启规约报文界面。

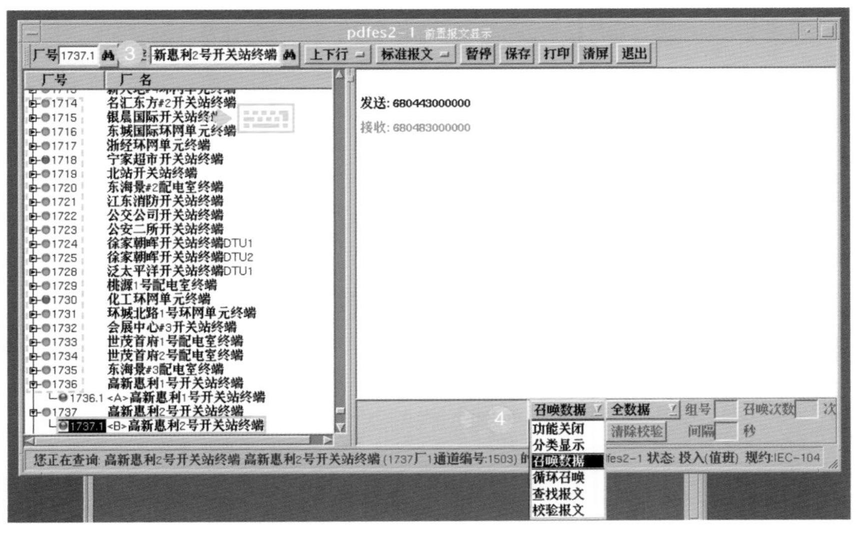

3. 厂名处输入需要查找站点，回车。

4. 点击“功能关闭”，选择“召唤数据”“全数据”。

注：左边列表中，绿色表示的是站点通道状态正常，红色表示的是站点通道状态退出。当站点通道退出时，召唤不成功，无报文呈现。

5. 点击执行，主站对终端进行全数据召唤，呈现报文。

6. 选择翻译报文，将报文翻译查看。

2. 遥信对点

通过现场作业人员对配电终端或高压柜端子排上接线进行变动并施加高电平，使主站收到公共信号、开关位置信号、接地信号及过流信号的变化，确保主站与现场信号的正确性和一致性。

主站侧观察遥信信号变化有两种方式：一种是从站内图中查看遥信变化，另一种是从fes前置的实时数据中查看。

（1）公共信号核对

①站内图核对方式

- 远方就地信号

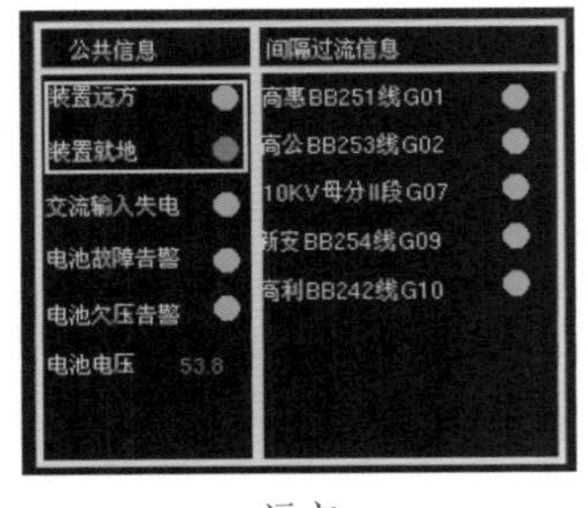

远方

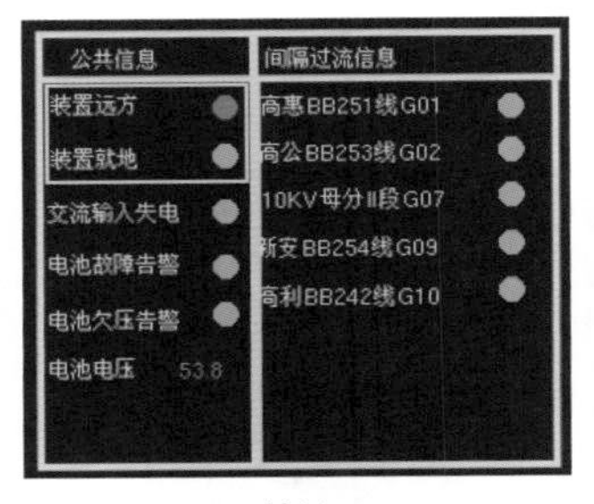

就地

1. 终端人员查看现场远方就地状态并与主站核对。
2. 终端人员进行远方就地状态切换，主站确认状态是否改变。

注：图为终端人员将设备由远方状态改为就地状态时主站显示的变化。

- 交流输入失电信号

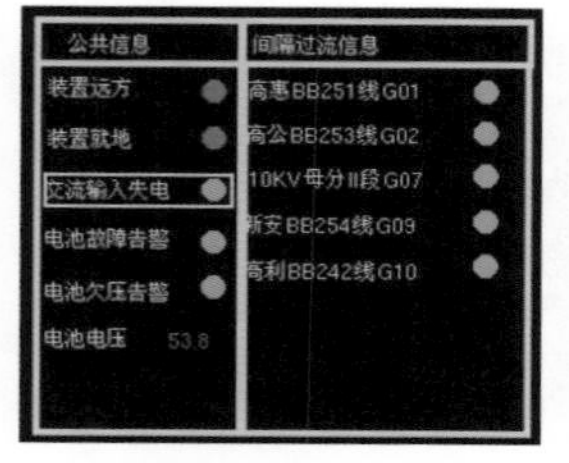

交流输入正常

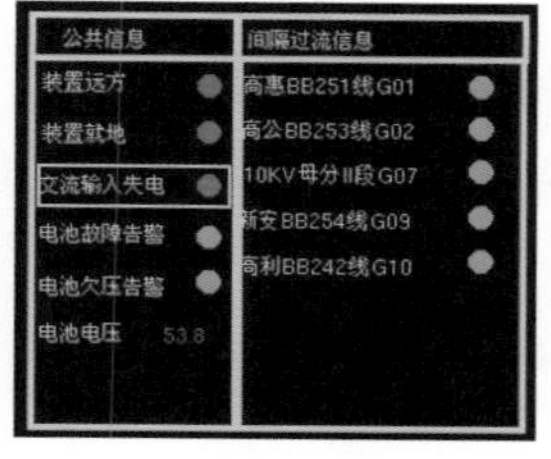

交流输入失电

终端人员进行交流电源切除操作，主站确认交流输入信号是否显示告警。

- 电池欠压告警

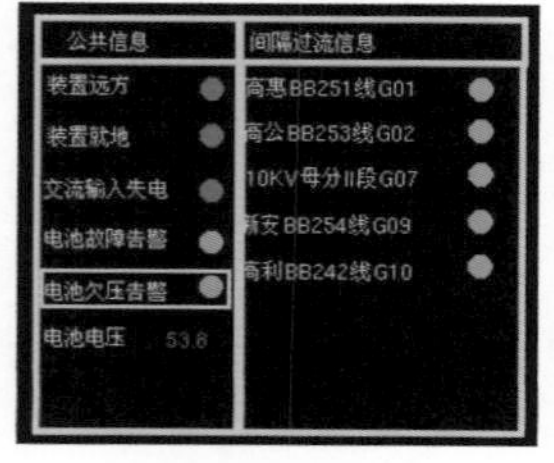

电池电压正常

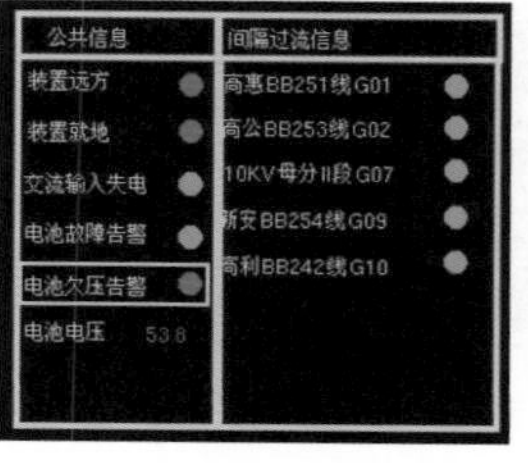

电池欠压

终端人员在配电终端端子排对应电池欠压的接线端子上施加高电平，主站确认电池电压告警信号是否显示告警。

②实时数据界面查看

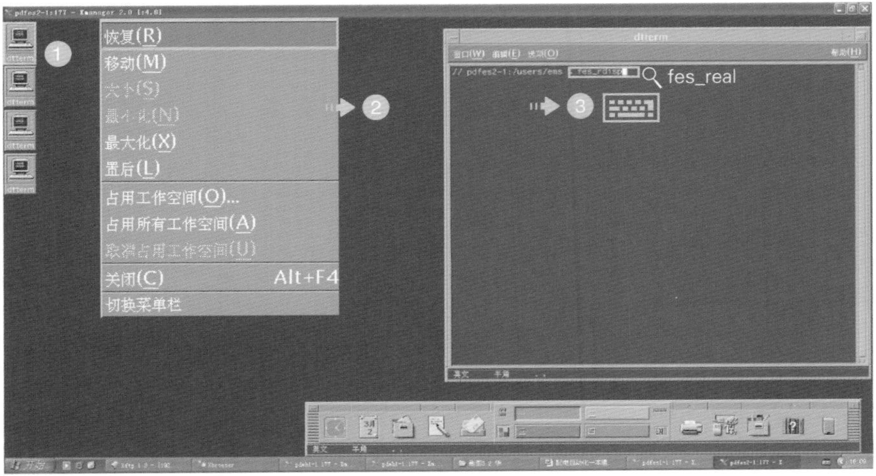

1. 打开前置fes界面，输入用户名、密码，进入系统。

2. 开启dtterm输入指令“fes_real”，开启实时数据界面。

pdfes2-1 前置实时数据界面

差异% 0 接收数据 刷新周期 2秒 参数重载 第1组 保存 退出

遥测 遥信 遥脉

	点号	遥信名称	原码值	遥信状态	极性值	质量标志	最近变位时间	最近上
91	90		0	分	正	未定义	1970年1月1日 0时0分0秒	197
92	91		0	分	正	未定义	1970年1月1日 0时0分0秒	197
93	92		0	分	正	未定义	1970年1月1日 0时0分0秒	197
94	93		0	分	正	未定义	1970年1月1日 0时0分0秒	197
95	94		0	分	正	未定义	1970年1月1日 0时0分0秒	197
96	95		0	分	正	未定义	1970年1月1日 0时0分0秒	197
97	96		0	分	正	未定义	1970年1月1日 0时0分0秒	197
98	97		0	分	正	未定义	1970年1月1日 0时0分0秒	197
99	98		0	分	正	未定义	1970年1月1日 0时0分0秒	197
100	99		0	分	正	未定义	1970年1月1日 0时0分0秒	197
101	100		0	分	正	未定义	1970年1月1日 0时0分0秒	197
102	101		0	分	正	未定义	1970年1月1日 0时0分0秒	197
103	102		0	分	正	未定义	1970年1月1日 0时0分0秒	197
104	103		0	分	正	未定义	1970年1月1日 0时0分0秒	197
105	104		0	分	正	未定义	1970年1月1日 0时0分0秒	197
106	105	高新惠利2号开关站_高新惠利2号开关站装置远方信号_遥信值	0	分	正	正常	2016年2月23日 15时13分9秒	2016年
107	106	高新惠利2号开关站_高新惠利2号开关站装置就地信号_遥信值	0	分	正	正常	2016年2月23日 15时13分9秒	2016年
108	107	高新惠利2号开关站_高新惠利2号开关站交流输入失电_遥信值	0	分	正	正常	2016年2月23日 15时13分9秒	2016年
109	108		0	分	正	未定义	1970年1月1日 0时0分0秒	197
110	109	高新惠利2号开关站_高新惠利2号开关站电池欠压告警_遥信值	0	分	正	正常	2016年2月23日 15时13分9秒	2016年
111	110	高新惠利2号开关站_高新惠利2号开关站电池模块故障告警_遥信值	0	分	正	正常	2016年2月23日 15时13分9秒	2016年
112	111		0	分	正	未定义	1970年1月1日 0时0分0秒	197
113	112		0	分	正	未定义	1970年1月1日 0时0分0秒	197
114	113		0	分	正	未定义	1970年1月1日 0时0分0秒	197
115	114		0	分	正	未定义	1970年1月1日 0时0分0秒	197
116	115		0	分	正	未定义	1970年1月1日 0时0分0秒	197
117	116		0	分	正	未定义	1970年1月1日 0时0分0秒	197
118	117		0	分	正	未定义	1970年1月1日 0时0分0秒	197
119	118		0	分	正	未定义	1970年1月1日 0时0分0秒	197
120	119		0	分	正	未定义	1970年1月1日 0时0分0秒	197
121	120		0	分	正	未定义	1970年1月1日 0时0分0秒	197
122	121		0	分	正	未定义	1970年1月1日 0时0分0秒	197
123	122		0	分	正	未定义	1970年1月1日 0时0分0秒	197

查询: 高新惠利2号开关站终端 高新惠利2号开关站终端(1737厂1通道 通道编号1503) 的数据! 连接:pdfes2-1 状态: 投入(值班)

远方状态→10

就地状态→01

交流输电正常→0

交流输电告警→1

电池电压正常→0

电池欠压告警→1

（2）实时状态核对

①站内图查看方式

- 开关位置核对

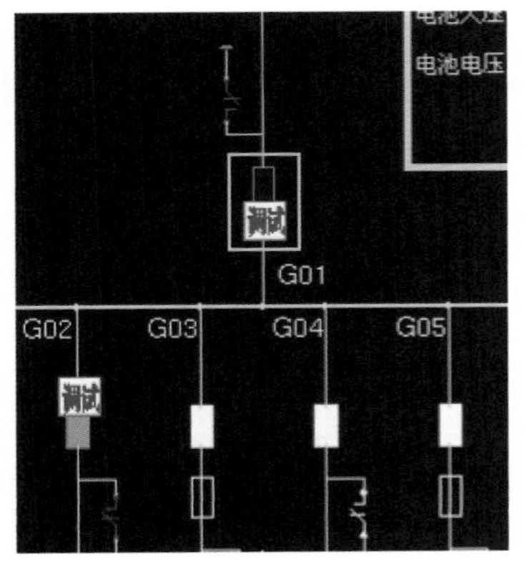

开关处于分位

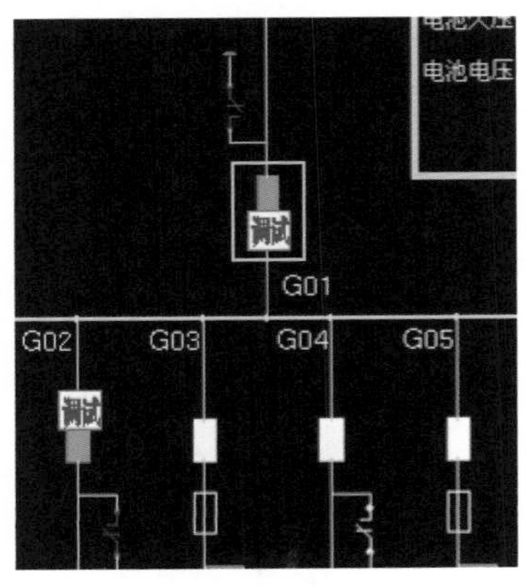

开关处于合位

1. 终端人员查看终端开关分合位置状态，并与主站人员核对是否一致。
2. 在高压柜端子排开关主辅遥信对应的接线端子上施加相反电平，主站查看开关位置是否发生相应变化。

● 接地刀闸信号核对

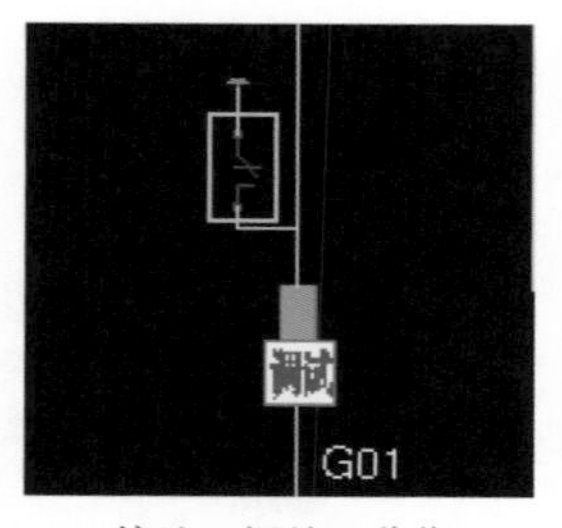

接地刀闸处于分位

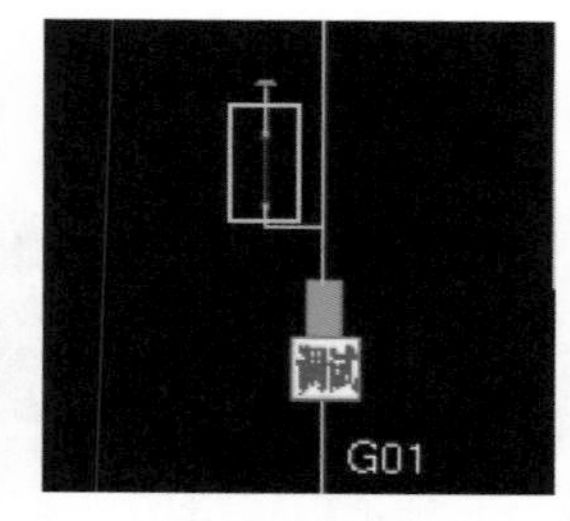

接地刀闸处于合位

1. 终端人员查看终端接地刀闸分合位置状态，并与主站人员核对是否一致。
2. 在高压柜端子排接地刀闸遥信对应的接线端子上施加以高、低电平，主站查看接地刀闸位置是否发生相应变化。

● 开关过流信号核对

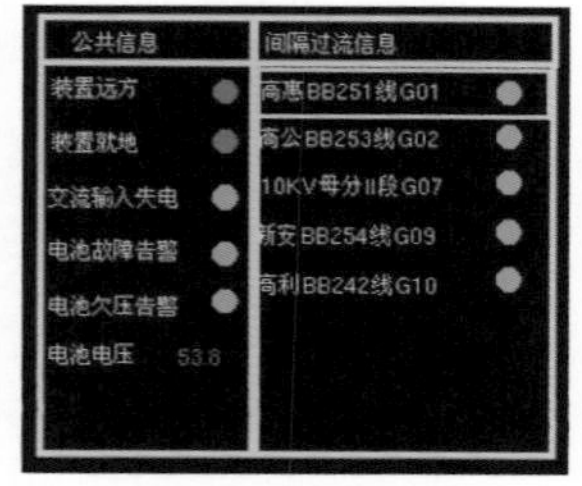

电流值小于过流整定值

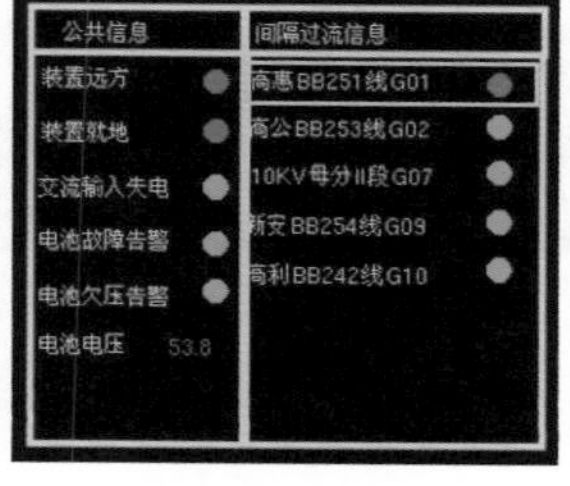

电流值超过过流整定值

现场作业人员用继电保护测试仪对终端对应间隔三相施加超过过流整定值的电流，主站核对是否收到相应过流信号。

②实时数据界面核对

	点号	遥信名称	原码值	遥信状态	极性值	质量标志	最近变位时间	最近上
1	0	高新惠利2号开关站高惠BB251线G01负荷开关_遥信值	1	合	正	正常	2016年2月23日 15时13分9秒	2016年
2	1	高新惠利2号开关站高惠BB251线G01负荷开关_辅助节点遥信值	0	分	正	正常	2016年2月23日 15时13分9秒	2016年
3	2	高新惠利2号开关站高惠BB251线G01接地刀闸_遥信值	0	分	正	正常	2016年2月23日 15时13分9秒	2016年
4	3		0	分	正	未定义	1970年1月1日 0时0分0秒	197
5	4		0	分	正	未定义	1970年1月1日 0时0分0秒	197
6	5		0	分	正	未定义	1970年1月1日 0时0分0秒	197
7	6	高新惠利2号开关站_高新惠利2号开关站高惠BB251线G01负荷开关过流故	0	分	正	正常	2016年2月23日 15时13分9秒	2016年
8	7		0	分	正	未定义	1970年1月1日 0时0分0秒	197
9	8		0	分	正	未定义	1970年1月1日 0时0分0秒	197
10	9		0	分	正	未定义	1970年1月1日 0时0分0秒	197
11	10		0	分	正	未定义	1970年1月1日 0时0分0秒	197
12	11		0	分	正	未定义	1970年1月1日 0时0分0秒	197
13	12	高新惠利2号开关站高公BB253线G02负荷开关_遥信值	1	合	正	正常	2016年2月23日 15时13分9秒	2016年
14	13	高新惠利2号开关站高公BB253线G02负荷开关_辅助节点遥信值	0	分	正	正常	2016年2月23日 15时13分9秒	2016年
15	14	高新惠利2号开关站高惠BB251线G02接地刀闸_遥信值	0	分	正	正常	2016年2月23日 15时13分9秒	2016年
16	15		0	分	正	未定义	1970年1月1日 0时0分0秒	197
17	16		0	分	正	未定义	1970年1月1日 0时0分0秒	197
18	17		0	分	正	未定义	1970年1月1日 0时0分0秒	197
19	18	高新惠利2号开关站_高新惠利2号开关站高公BB253线G02负荷开关过流故	0	分	正	正常	2016年2月23日 15时13分9秒	2016年
20	19		0	分	正	未定义	1970年1月1日 0时0分0秒	197
21	20		0	分	正	未定义	1970年1月1日 0时0分0秒	197
22	21		0	分	正	未定义	1970年1月1日 0时0分0秒	197
23	22		0	分	正	未定义	1970年1月1日 0时0分0秒	197
24	23		0	分	正	未定义	1970年1月1日 0时0分0秒	197
25	24	高新惠利2号开关站10kV母分II段G07负荷开关_遥信值	0	分	正	正常	2016年2月23日 15时13分9秒	2016年
26	25	高新惠利2号开关站10kV母分II段G07负荷开关_辅助节点遥信值	1	合	正	正常	2016年2月23日 15时13分9秒	2016年
27	26	高新惠利2号开关站10kV母分II段G07接地刀闸_遥信值	0	分	正	正常	2016年2月23日 15时13分9秒	2016年
28	27		0	分	正	未定义	1970年1月1日 0时0分0秒	197
29	28		0	分	正	未定义	1970年1月1日 0时0分0秒	197
30	29		0	分	正	未定义	1970年1月1日 0时0分0秒	197
31	30	高新惠利2号开关站_高新惠利2号开关站10kV母分II段G07负荷开关过流□	0	分	正	正常	2016年2月23日 15时13分9秒	2016年
32	31		0	分	正	未定义	1970年1月1日 0时0分0秒	197
33	32		0	分	正	未定义	1970年1月1日 0时0分0秒	197

开关合位→10

开关分位→01

接地刀闸合位→1

接地刀闸分位→0

电流过流→1

电流不过流→0

注：当开关原始值显示为00/11时，为开关坏数据。

3. 遥测对点

遥测对点主要针对电池电压、间隔电流、母线电压进行核对，以确定通道正常，传输数据正确。

（1）电池电压实测值核对

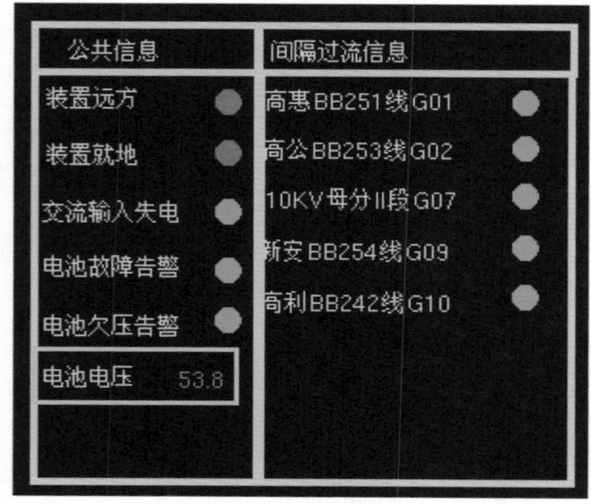

现场作业人员用万用表测量蓄电池电压数值，和终端以及主站核对是否一致。

（2）遥测值核对

差异% 0 | 接收数据 | 刷新周期 2秒 | 参数重载 | 第1组 | 保存 | 退出

遥测 | 遥信 | 遥脉

	点号	遥测名称	原码值	整型值	遥测值	基值	系数	满码值	归零值	死区值	质量标志	最
21	20	高新惠利2号开关站高惠BB251线G01负荷开关_A相电流幅值(A)	(0073)	115	13.800	0.000	0.120	1.000	0.000	0.000	不变化	2
22	21	高新惠利2号开关站高惠BB251线G01负荷开关_B相电流幅值(A)	(007b)	123	14.760	0.000	0.120	1.000	0.000	0.000	不变化	2
23	22	高新惠利2号开关站高惠BB251线G01负荷开关_C相电流幅值(A)	(006b)	107	12.840	0.000	0.120	1.000	0.000	0.000	不变化	2
24	23	高新惠利2号开关站高惠BB251线G01负荷开关_零序电流模值	(0000)	0	0.000	0.000	0.120	1.000	0.000	0.000	不变化	2
25	24	高新惠利2号开关站高惠BB251线G01负荷开关_功率因数	(0000)	0	0.000	0.000	0.120	1.000	0.000	0.000	不变化	2
26	25	高新惠利2号开关站高惠BB251线G01负荷开关_有功值(KVA)	(0000)	0	0.000	0.000	0.120	1.000	0.000	0.000	不变化	2
27	26	高新惠利2号开关站高惠BB251线G01负荷开关_无功值(KVar)	(0000)	0	0.000	0.000	0.120	1.000	0.000	0.000	不变化	2

三次测试电流取值建议

1. 现场作业人员用继电保护测试仪对终端对应间隔三相逐次施加不超过过流整定值的电流，主站核对整形值、遥测值是否正确。
2. 整型值=遥测值/系数。
3. 遥测值=二次加电流值x TA变比。

注：每次施加一个电流值，分别核对整型值、遥测值是否正确。

（3）实测值核对

差异% 0　接收数据　刷新周期 2秒　参数重载　第1组　保存　退出

遥测　遥信　遥脉

	点号	遥测名称	原码值	整型值	遥测值	基值	系数	满码值
21	20	高新惠利2号开关站高惠BB251线G01负荷开关_A相电流幅值(A)	(0073)	115	13.800	0.000	0.120	1.000
22	21	高新惠利2号开关站高惠BB251线G01负荷开关_B相电流幅值(A)	(007b)	123	14.760	0.000	0.120	1.000
23	22	高新惠利2号开关站高惠BB251线G01负荷开关_C相电流幅值(A)	(006b)	107	12.840	0.000	0.120	1.000
24	23	高新惠利2号开关站高惠BB251线G01负荷开关_零序电流模值	(0000)	0	0.000	0.000	0.120	1.000
25	24	高新惠利2号开关站高惠BB251线G01负荷开关_功率因数	(0000)	0	0.000	0.000	0.120	1.000
26	25	高新惠利2号开关站高惠BB251线G01负荷开关_有功值(KVA)	(0000)	0	0.000	0.000	0.120	1.000
27	26	高新惠利2号开关站高惠BB251线G01负荷开关_无功值(KVar)	(0000)	0	0.000	0.000	0.120	1.000
28	27	高新惠利2号开关站高公BB253线G02负荷开关_A相电流幅值(A)	(0057)	87	10.440	0.000	0.120	1.000
29	28	高新惠利2号开关站高公BB253线G02负荷开关_B相电流幅值(A)	(00[illegible])	92	11.040	0.000	0.120	1.000
30	29	高新惠利2号开关站高公BB253线G02负荷开关_C相电流幅值(A)	(0051)	81	9.720	0.000	0.120	1.000
31	30	高新惠利2号开关站高公BB253线G02负荷开关_零序电流模值	(0000)	0	0.000	0.000	0.120	1.000
32	31	高新惠利2号开关站高公BB253线G02负荷开关_功率因数	(0000)	0	0.000	0.000	0.120	1.000
33	32	高新惠利2号开关站高公BB253线G02负荷开关_有功值(KVA)	(0000)	0	0.000	0.000	0.120	1.000
34	33	高新惠利2号开关站高公BB253线G02负荷开关_无功值(KVar)	(0000)	0	0.000	0.000	0.120	1.000
35	34	高新惠利2号开关站10kV母分II段G07负荷开关_A相电流幅值(A)	(0000)	0	0.000	0.000	0.120	1.000
36	35	高新惠利2号开关站10kV母分II段G07负荷开关_B相电流幅值(A)	(0000)	0	0.000	0.000	0.120	1.000
37	36	高新惠利2号开关站10kV母分II段G07负荷开关_C相电流幅值(A)	(0000)	0	0.000	0.000	0.120	1.000
38	37	高新惠利2号开关站10kV母分II段G07负荷开关_零序电流模值	(0000)	0	0.000	0.000	0.120	1.000
39	38	高新惠利2号开关站10kV母分II段G07负荷开关_功率因数	(0000)	0	0.000	0.000	0.120	1.000
40	39	高新惠利2号开关站10kV母分II段G07负荷开关_有功值(KVA)	(0000)	0	0.000	0.000	0.120	1.000
41	40	高新惠利2号开关站10kV母分II段G07负荷开关_无功值(KVar)	(0000)	0	0.000	0.000	0.120	1.000
42	41	高新惠利2号开关站新安BB254线G09负荷开关_A相电流幅值(A)	(0000)	0	0.000	0.000	0.120	1.000
43	42	高新惠利2号开关站新安BB254线G09负荷开关_B相电流幅值(A)	(0000)	0	0.000	0.000	0.120	1.000
44	43	高新惠利2号开关站新安BB254线G09负荷开关_C相电流幅值(A)	(0000)	0	0.000	0.000	0.120	1.000
45	44	高新惠利2号开关站新安BB254线G09负荷开关_零序电流模值	(0000)	0	0.000	0.000	0.120	1.000

1. 现场作业人员解除高压柜端子排上面的TA短接片后，通过终端查看各间隔三相电流数值实测值，核对与主站是否一致。

2. 关注主站侧三相电流是否平衡。

（五）馈线自动化维护

1. 参数设置及进程状态查看

馈线自动化需要判断和处理复杂的故障情况，开展馈线自动化之前，需要对其进行适当的设置，设置完成后需要查看进程状态。

①参数设置

1. 打开系统管理界面。
2. 在系统参数DMS中打开da_para界面。
3. 在“参数数值”栏，双击需设置参数名称右侧对应的参数数值进行参数配置。

注：部分参数进行配置后，需重启相关进程进行更新。

- 重要参数配置说明

系统参数说明表

参数	说明
alarm_style	**参数含义：** 配置客户端在使用交互式处理方式时所推的交互界面。 **配置说明：** 配置“1”，推故障处理交互界面；配置“2”，推故障线路图；配置“3”，两个都推。 **注意事项：** 修改后需要重启客户端的da_client进程。 **常用设置：** 根据运维人员要求进行设置
Total_wait_time	**参数含义：** FA启动后最长静态等待时间。 **配置说明：** 如果为0，表示不等待。 **注意事项：** 修改后需要重启daEar进程。 **常用设置：** 设置参数，应大于变电站出口断路器重合闸时间
Sig_effect_time	**参数含义：** 信号的有效时间。 **配置说明：** 开关跳闸、保护动作所间隔的有效区间。 **注意事项：** 修改后需要重启daEar进程。 **常用设置：** 30s

续表

参数	说明
Yk_limit	**参数含义：**全自动故障处理情况下，对开关的遥控操作在一次不成功的情况下是否重复遥控。 **配置说明：**对应值为重复遥控次数。 **常用设置：**根据运维人员要求进行设置，正常设置为0
Main_line_flag	**参数含义：**区分是否需要将分支线路的方案进行过滤。 **配置说明：**1为过滤，0为不过滤。 **注意事项：**注意分支线路是否在配网开关刀闸表中的defult_i1域，如果是1表示分线开关，如果是0表示主线开关。 **常用设置：**根据运维人员要求进行设置，正常设置为1
default_fix_amp	**参数含义：**出线开关默认额定电流（单位为安培）。 **配置说明：**根据变电站出线开关过流整定值设置。 **注意事项：**缺少该项设定时，系统默认400
Auto_extend_isolate	**参数含义：**在自动执行的情况下发生拒动，是否自动扩展隔离范围。 **配置说明：**1为自动扩展，0为不自动扩展。 **常用设置：**根据运维人员要求进行设置，正常设置为0

续表

参数	说明
auto_token	**参数含义：**在执行故障处理完毕后，是否自动在隔离故障开关上挂检修牌。 **配置说明：**1为自动挂牌，0为不自动挂牌。 **常用设置：**根据运维人员要求进行设置
fetch_load_time	**参数含义：**设定获取跳闸信号前多少秒的断面数据 **配置说明：**进行配置需要的时间。 **注意事项：**默认30s。 **常用设置：**根据运维人员要求进行设置，可以采用默认设置
Judge_load	**参数含义：**是否甩负荷。 **配置说明：**0为不甩负荷，1为甩负荷。 **注意事项：**默认为0，不甩负荷。 **常用设置：**根据运维人员要求进行设置，正常设置为1
Relay_hold_time	**参数含义：**保护信号保持时间。 **配置说明：**配置相应的保护信号保持时间。 **注意事项：**大于FA分析完成时间即可。 **常用设置：**根据变电站及配电终端保护信号上送及时性进行设置

续表

参数	说明
Sel_can_yk_only	**参数含义：** 故障定位之后，如果隔离开关无遥控功能，则向外扩展，寻找可控开关以隔离故障。 **配置说明：** 0为自动扩展，1为不自动扩展
Allow_multi_open	**参数含义：** 是否跨越多个分段开关寻找电源。 **配置说明：** 1代表可以由多个联络开关分的线路转供，0代表不可以由多个联络开关分的线路转供
Sim_alarm_node	**参数含义：** 指定馈线自动化仿真交互界面弹出的工作站。 **配置说明：** 填写对应工作站的名称。 **注意事项：** 修改后需要重启da_client进程

②进程介绍

馈线自动化的后台进程主要包括客户端进程（da_client）、馈线自动化界面进程（da_assistant）、监听进程（daEar scada）、动态库文件（faultprocess.so scada）等进程。

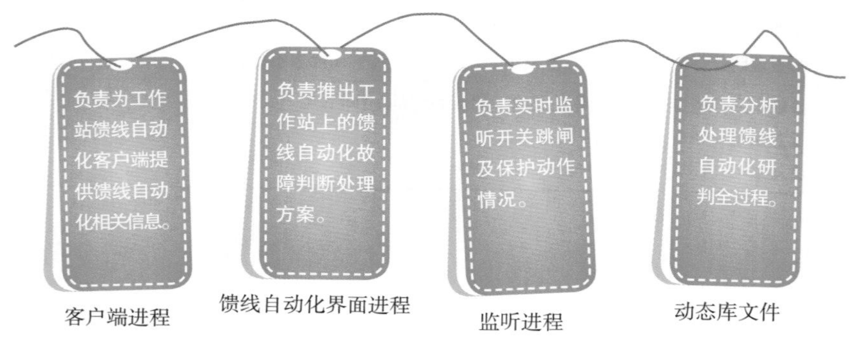

注：客户端、馈线自动化界面进程运行在工作站上，监听进程、动态库文件运行在服务器上。

2. 馈线信息维护

馈线自动化以线路为单位进行区分，需要对于每一条馈线进行单独设置。在馈线自动化相关信息表中，可以对馈线的故障启动条件、运行状态、执行模式、关联图形、允许重合闸次数等信息进行设置维护。

（1）断路器DA控制模式定义表维护

断路器DA控制模式定义表维护需对控制模式内各种参数进行设置，例如故障启动条件、运行状态、图形名称、重合闸次数等重要参数。

通常情况下，故障启动条件一般设置为分闸加保护（在Sig_effect_time时间内先后收到变电站10kV出线分闸信号和保护信号）；运行状态设置为运行；执行方式设置为交互方式；图形名称（馈线关联的区域系统图）设置为此馈线所属的区域系统图；重合闸次数设置为1，表示断路器进行1次重合闸操作，其余默认设置即可。

1. 打开数据库，选择 SCADA→DA相关类→断路器DA控制模式定义表，双击。
2. 查看馈线信息，并双击需要的馈线信息栏，弹出设置对话框。
3. 双击右侧数字或文字进行相应设置，例如：双击“交互方式”，选择交互方式/自动方式。

（2）保护节点表中

1. 打开数据库，选择数据库类型→SCADA→主网设备类→保护节点表，双击。
2. 查看点表信息，并双击需要的线路弹出设置对话框。
3. 进行相应设置。

注： 通常保护类型设置为动作信号，相关设备1设置为断路器信息表中对应的开关。

3. 馈线自动化仿真

馈线自动化仿真在系统未来态下进行。未来态是对实时态的一种模拟，在未来态下对图模进行任何操作均不会对实时态造成影响，确保了实时系统的安全稳定运行。未来态为馈线自动化仿真提供了良好的试验环境。

（1）仿真前确认

检查该线路馈线自动化的运行状态、执行方式、故障启动条件、馈线关联图形、保护关联开关是否正确，检查da_assistant，da_client，da_ear均在运行状态。

打开进程运行状态查看窗口，输入指令“ps-ef|grep+应用名称”，查看馈线自动化相关应用状态。

注：通常情况下，DA断路器信息表中运行状态设置为在线，执行方式设置为交互方式，故障启动条件设置为分闸加保护，馈线关联图形为馈线所属系统区域图，出线断路器关联保护为对应线路的保护动作信号。

（2）进入未来态

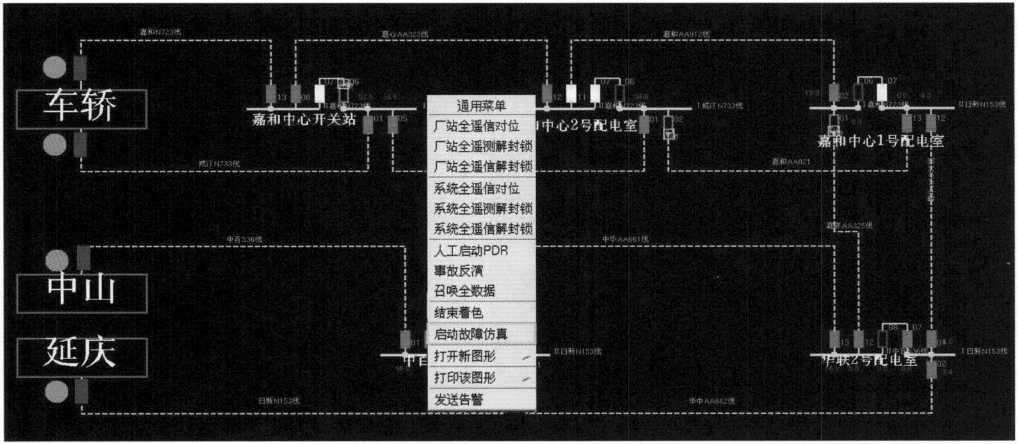

打开系统图，右键点击空白处，在下拉菜单中单击“启动故障仿真”，进入未来态。

（3）进行数据同步

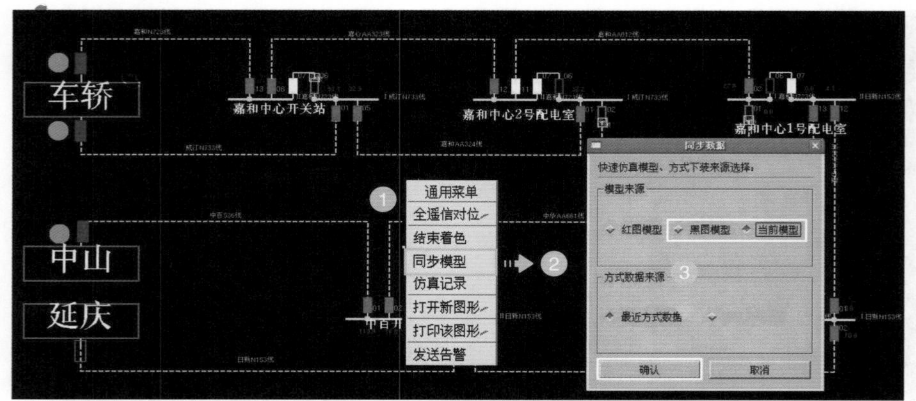

1. 在系统图未来态下用鼠标右键点击空白处。
2. 选择同步模型，单击。
3. 选择黑图模型（第一次）/当前模型，确定。

注：未来态的数据均为静态数据，需与实时态进行同步，方可更新到最新数据。馈线自动化是以实时数据为基础的程序，开展仿真工作需提供与实时状态一致的数据，因此必须进行模型同步。第一次仿真选择黑图模型，连续第二次进行仿真，需再次同步模型，此时选择当前模型（数据量小，速度快）。

（4）选择故障点

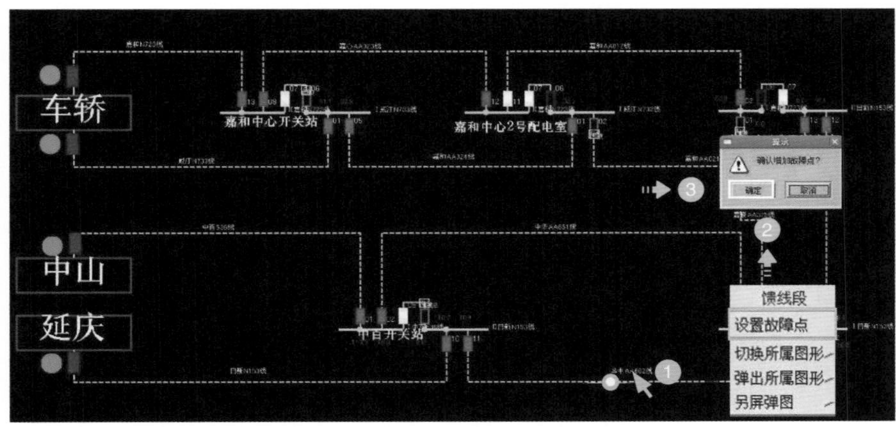

1. 数据同步后用右键点击需设置故障点处。
2. 选择设置故障点选项。
3. 确认进行设置故障点操作，打开设置对话框。

注：故障点可以设置在电缆、负荷开关、母线上等位置。在馈线自动化仿真过程中，故障点的设置应该覆盖仿真线路的自动化部分。

（5）对故障区域进行设置

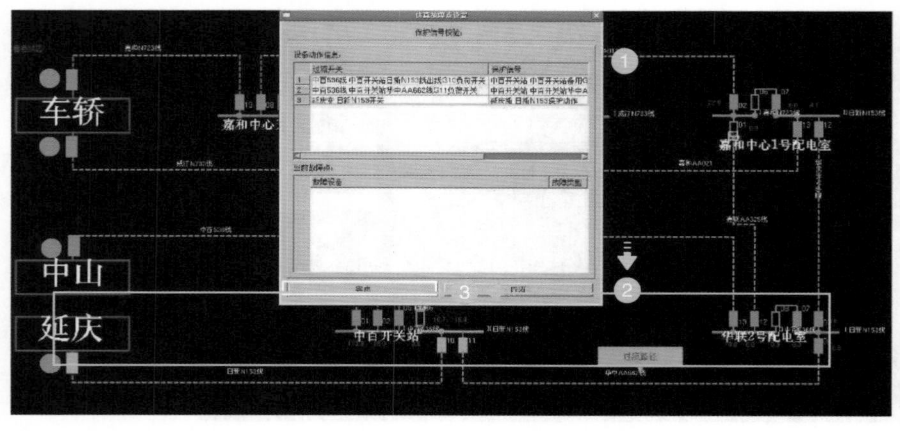

1. 选择故障点，设置具体位置。
2. 核对故障信号是否正确。
3. 点击“完成”按钮，完成故障点设置。

（6）馈线自动化程序启动

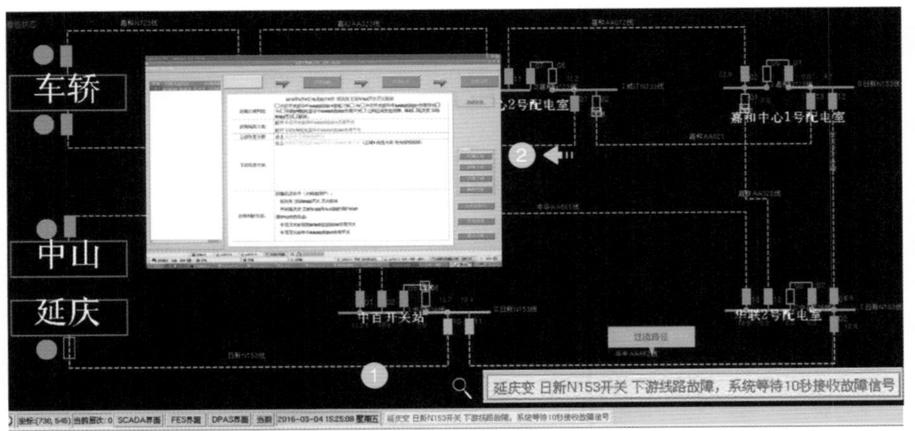

1. 系统等待 space_wait_time，躲过重合闸时间，关注下方指示灯闪烁提示。
2. 系统做出判断，弹出交互界面。

（7）查看仿真结果信息

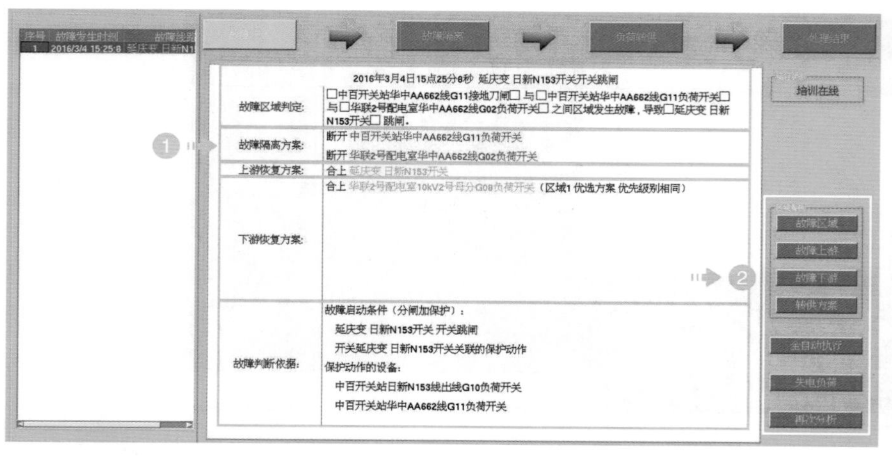

1. 查看仿真结果，确认仿真结果是否正确。
2. 单击右侧区域按钮，弹出相应图形，验证线路拓扑是否正确。

注： 需确认信息主要包括故障区域、上游恢复方案、下游恢复方案、故障判断依据、转供方案等。

（8）执行故障隔离方案

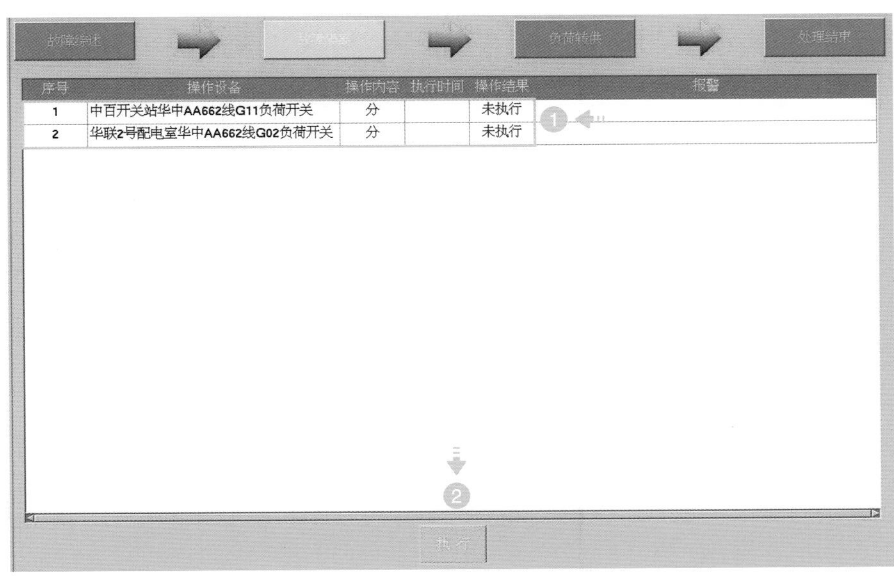

1. 查看故障隔离方案具体内容，包括操作设备、操作内容等。
2. 确认隔离方案无误后，点击“执行”按钮，开始执行隔离方案。

注：在未来态对负荷开关进行操作，不会对负荷开关实际运行状态产生任何影响。

（9）执行负荷转供方案

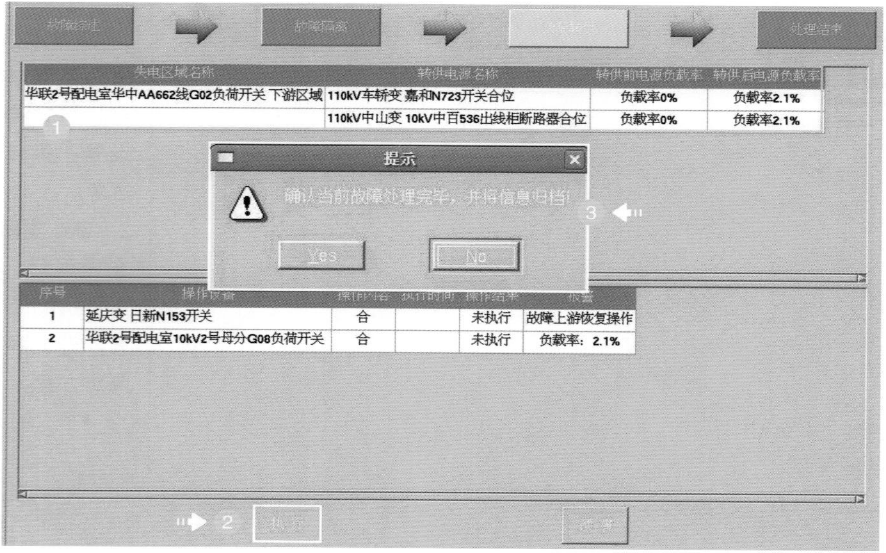

故障综述 → 故障隔离 → 负荷转供 → 处理结束

失电区域名称	转供电源名称	转供前电源负载率	转供后电源负载率
华联2号配电室华中AA662线G02负荷开关 下游区域	110kV车轿变 嘉和N723开关合位	负载率0%	负载率2.1%
	110kV中山变 10kV中百536出线柜断路器合位	负载率0%	负载率2.1%

提示

确认当前故障处理完毕，并将信息归档！

Yes No

序号	操作设备	操作内容	执行时间	操作结果	报警
1	延庆变 日新N153开关	合		未执行	故障上游恢复操作
2	华联2号配电室10kV2号母分G08负荷开关	合		未执行	负载率：2.1%

执行

1. 查看负荷转供方案信息，包括转供电源、转供电源负载率、转供后电源负载率等。
2. 确认转供方案无误后，点击“执行”按钮。
3. 确认当前故障处理完毕。

二 终端维护

（一）终端部件维护

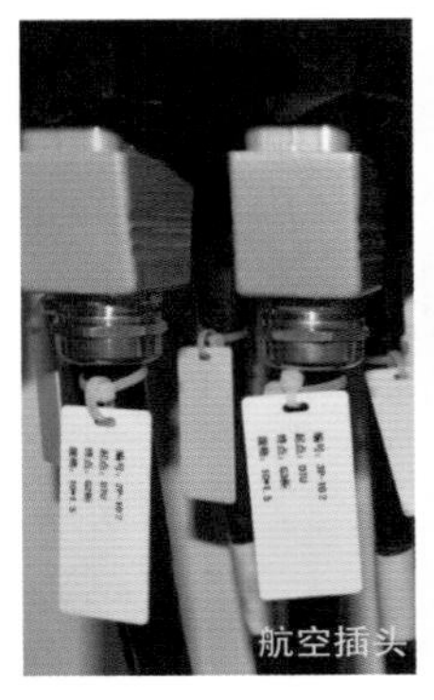
航空插头

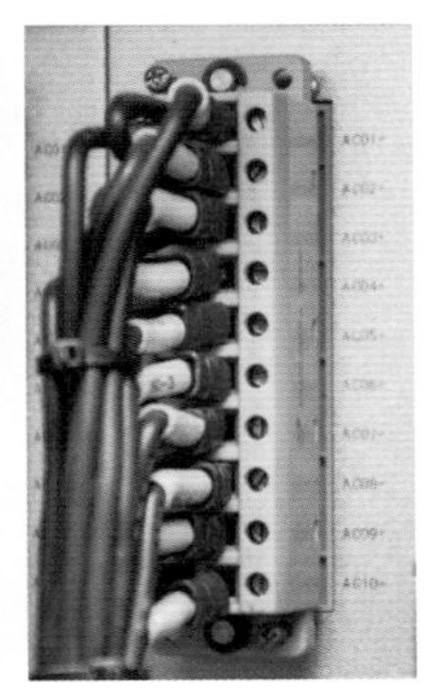

维护内容

检查航空插头是否完好，有无裂痕，是否可靠连接；板卡接口是否连接可靠，有无明显灼烧现象；检查蓄电池接线是否可靠；测量接线回路是否正确可靠连接，是否有串线等情况发生。

（二）终端“二遥”对点

1. 准备工作

（1）出发前准备

填用配电第二种工作票。

已执行盖不执行章作废

盖合格不合格合格不合格章

配电第二种工作票

单位：配电运检室 编号：2016-06-12-04

1. 工作负责人：× × × 班组：电缆运检班

2. 工作班成员（不包括工作负责人）：徐存龙

共 1 人

3. 工作任务：

工作地点或设备（注明变（配）电站、线路名称、设备双重名称及起止杆号）	工作内容
华城花园2号配电室	DTU消缺

4. 计划工作时间：自 2016 年 06 月 12 日 09 时 00 分至 2016 年 06 月 12 日 16 时 30 分

5. 工作条件和安全措施（必要时可附页绘图说明）

全站设备均处于带电运行状态，工作中与带电部位保持足够安全距离10kV：0.7米，工作中加强监护，在相邻间隔做好安全围栏并挂“止步，高压危险”标示牌，在DTU处放置“在此工作”标示牌，确认主站侧已挂调试牌。

工作票签发人签名：______ ______年__月__日__时__分

工作负责人签名：______ ______年__月__日__时__分

6. 现场补充的安全措施：

7. 工作许可：

许可的线路、设备	许可方式	工作许可人	工作负责人签名	许可工作（或开工）时间
华城花园2号配电室DTU				年 月 日 时 分
				年 月 日 时 分
				年 月 日 时 分
				年 月 日 时 分
				年 月 日 时 分

8. 工作班成员确认工作负责人布置的工作任务、人员分工、安全措施和注意事项并签名：

工作开始时间：______年__月__日__时__分 工作负责人签名：______

9. 工作票延期：有效期延长到______年__月__日__时__分。

工作负责人签名：______ ______年__月__日__时__分

工作许可人签名：______ ______年__月__日__时__分

10. 工作完工时间：______年__月__日__时__分 工作负责人签名：______

11. 工作终结：

11.1 工作班人员已全部撤离现场，材料工具已清理完毕，杆塔、设备上已无遗留物。

11.2 工作终结报告：

终结的线路或设备	报告方式	工作负责人签名	工作许可人	终结报告（或结束）时间
华城花园2号配电室DTU				______年__月__日__时__分
				______年__月__日__时__分
				______年__月__日__时__分
				______年__月__日__时__分
				______年__月__日__时__分

12. 备注：

12.1 指定专责监护人______负责监护______（地点及具体工作）

12.2 其他事项：

(2) 现场终端检查

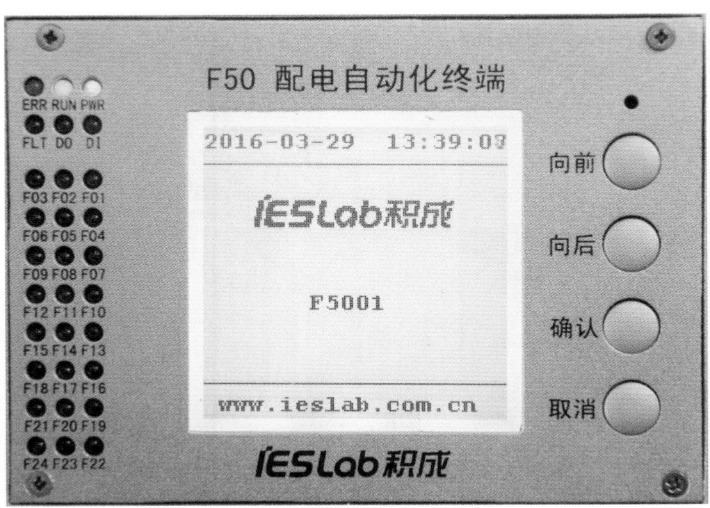

检查内容

用笔记本电脑连接终端设备，测试通道是否正常；检查指示灯闪烁正常。

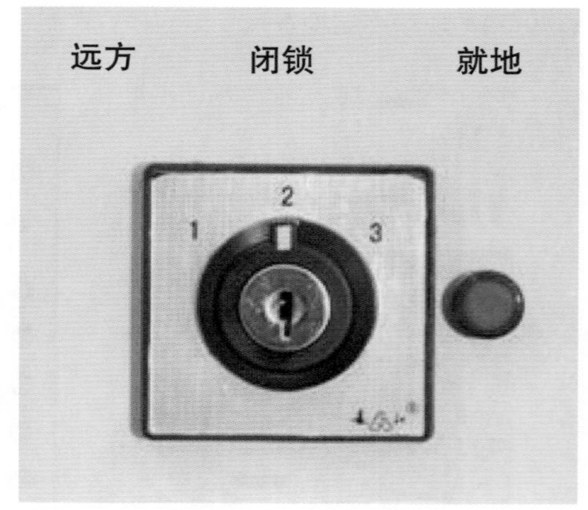

检查内容

检查电机电源空气开关和压板处于退出状态，转换开关处于闭锁状态。

2. 遥信对点

（1）公共信号

①交流失电信号

检查内容

现场切断交流电源，终端设备显示相应信号，并与主站维护人员确认与主站显示一致。

②电池欠压信号

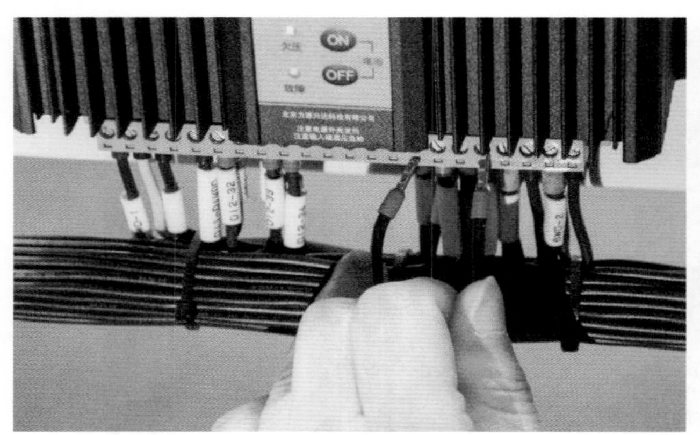

检查内容

在电源模块上电池欠压硬节点加高电平信号，终端设备显示相应信号，并与主站维护人员确认是否与主站显示一致。

③远方就地信号

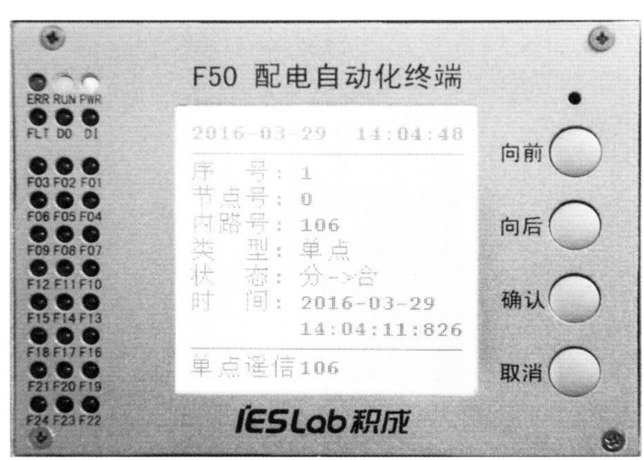

检查内容

将转换开关打至远方位置，终端设备显示相应信号，并与主站维护人员确认是否与主站显示一致。

（2）间隔信号

①负荷开关信号

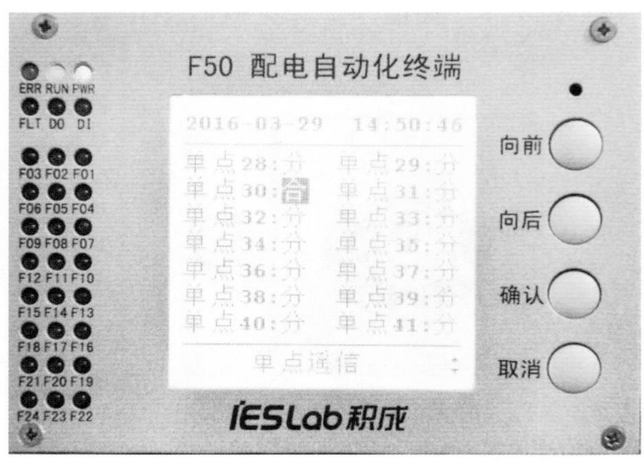

检查内容

在负荷开关合位相应的硬节点上加高电平信号，终端设备显示相应信号，并与主站维护人员确认是否与主站显示一致。

检查内容

在负荷开关分位相应的硬节点上加高电平信号，终端设备显示相应信号，并与主站维护人员确认是否与主站显示一致。

②接地刀闸信号

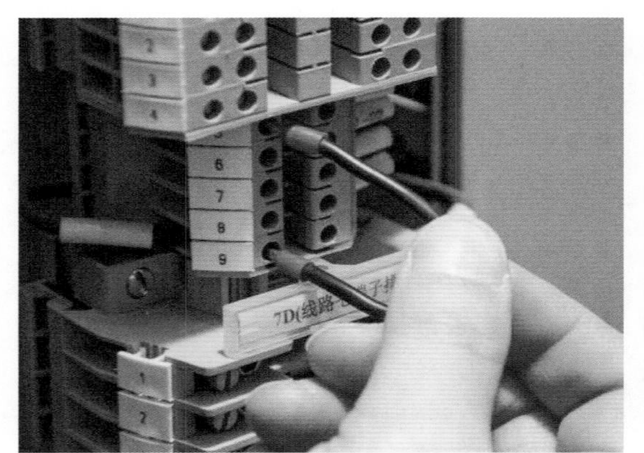

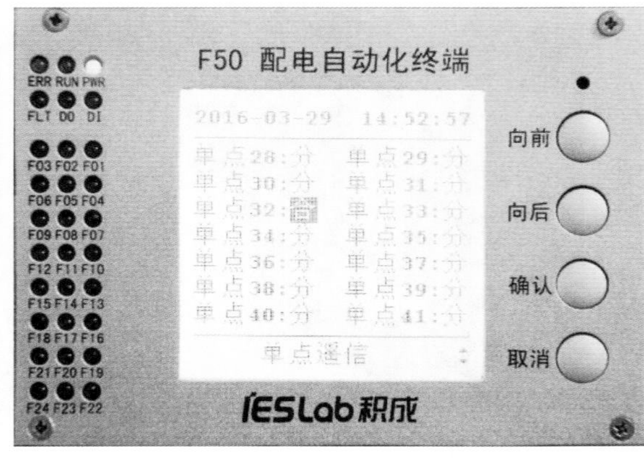

检查内容

在接地刀闸信号相应的硬节点上加高电平信号，终端设备显示相应信号，并与主站维护人员确认是否与主站显示一致。

③过流保护信号

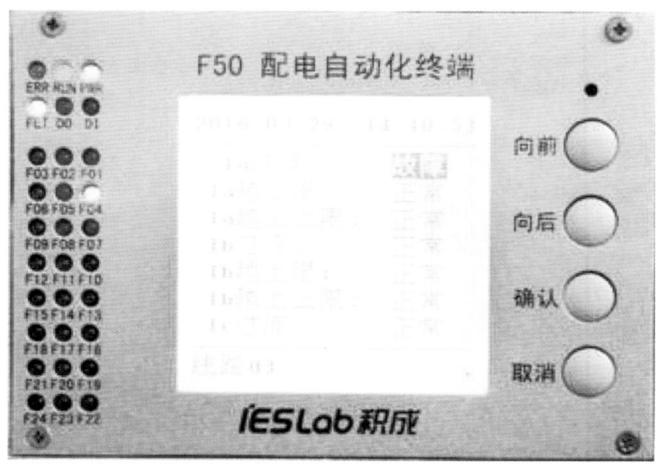

检查内容

用继电保护测试仪在相应节点上逐相加故障电流，终端设备显示相应信号，并与主站维护人员确认是否与主站显示一致。

3. 遥测对点

（1）交流采样数据

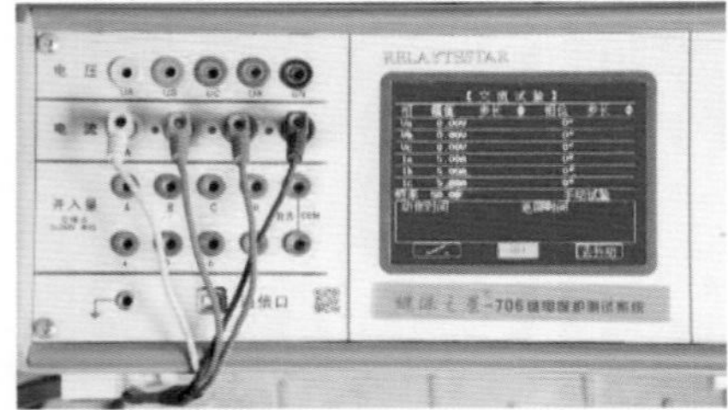

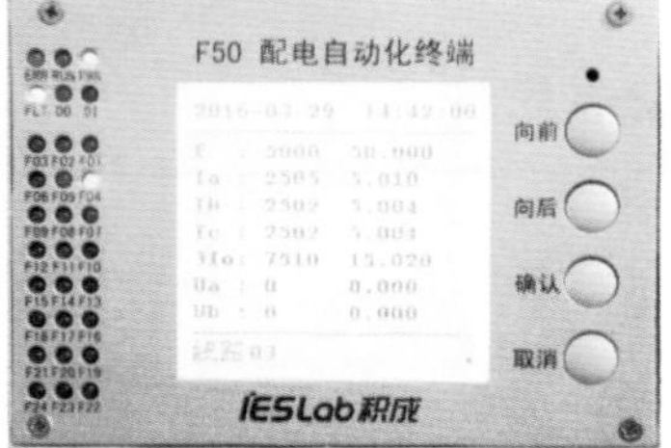

检查内容

用继电保护测试仪给各路逐相加电流，终端设备显示相应电流数值，并与主站维护人员确认是否与主站显示一致。

（2）直流电源电压数据

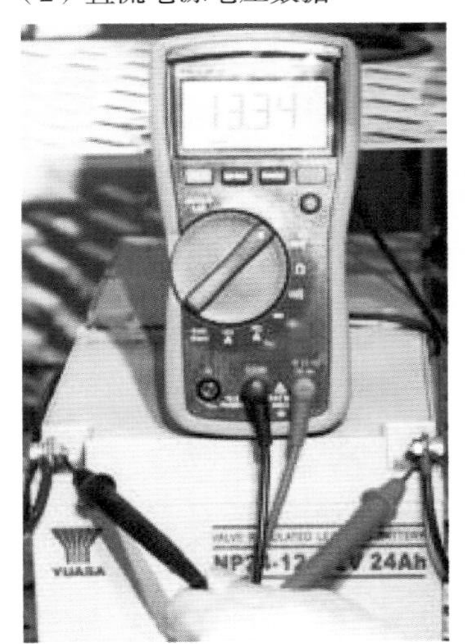

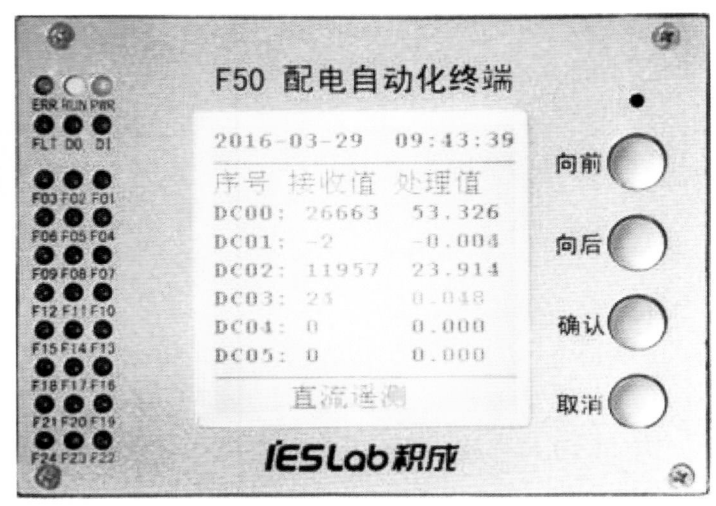

检查内容

用万用表测量电池电压，终端设备显示相应电压值，并与主站维护人员确认是否与主站显示一致。

注：图中万能表测量的是一个蓄电池的电压，一组蓄电池为4个蓄电池相串联。

Part 5

典型案例篇主要针对配电主站及配电终端运维中常见的问题现象，通过原因分析，提出行之有效的处理方法，旨在提高配电自动化运维人员处理问题的能力，为各类常见故障提供判断依据，预防或最大程度减少因故障产生的影响与危害。

典型案例篇

案例1　系统无响应

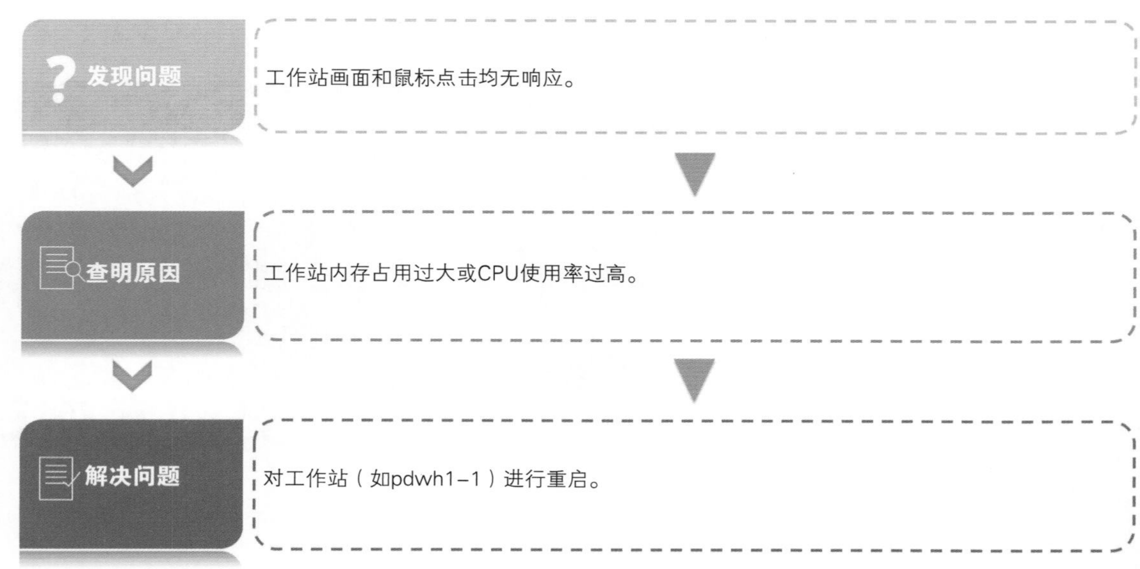
发现问题
工作站画面和鼠标点击均无响应。
查明原因
工作站内存占用过大或CPU使用率过高。
解决问题
对工作站（如pdwh1-1）进行重启。

案例2　通道退出

站点画面中负荷开关、遥信信号呈灰色，且鼠标放在负荷开关上，显示工况退出。

原因1：通信通道中断引起站点退出，如光缆被外力破坏，通信设备故障。

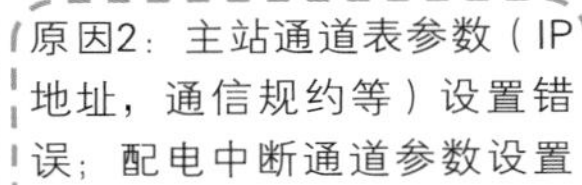

原因2：主站通道表参数（IP地址，通信规约等）设置错误；配电中断通道参数设置错误。

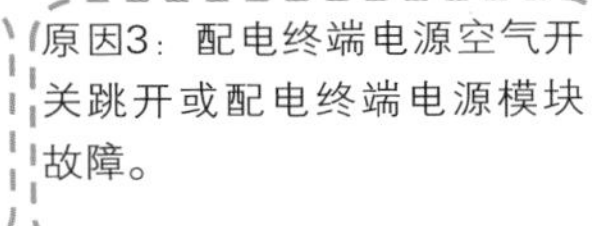

原因3：配电终端电源空气开关跳开或配电终端电源模块故障。

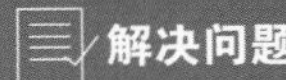

措施1：联系通信运维单位修复挖断的光缆，修复通信设备故障，及时恢复通信。

措施2：正确设置通道表中的参数：IP地址与现场配电终端一致，通信规约与实际通信方式相符。

措施3：合上配电终端电源空气开关或更换故障电源模块。

案例3　通道频繁投退

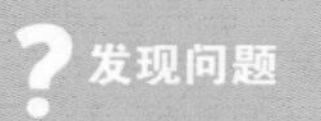

发现问题

在短时间内，配电站所通道频繁出现投退现象。

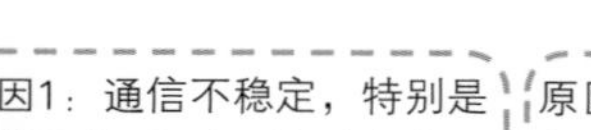

查明原因

原因1：通信不稳定，特别是无线通信受到干扰时会出现通道频繁投退。

原因2：网口松动，引起通道频繁投退。

原因3：IP地址或MAC地址冲突，相同IP或MAC地址的两台终端互相抢占通道资源，造成通道频繁投退。

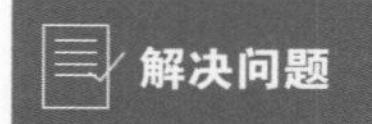

解决问题

措施1：检查通信情况，及时消除干扰因素。

措施2：紧固配电终端和通信终端（ONU）的网线连接，仍然不能恢复的，更换网线。

措施3：在配电主站数据库通道表中检查是否存在与此终端相同IP的站点。

案例4　遥信坏数据

主站显示画面中的负荷开关显示紫红色，鼠标放在负荷开关上时显示为“坏数据”。

原因1：配电终端接线松动或接线错误，使两个端子都为高电平（11）或低电平（00）。

原因2：配电主站遥信点号设置错误。

措施1：检查配电终端接线，将松动的接线可靠连接，修正错误接线。

措施2：查看配电主站遥信点号，正确配置负荷开关遥信值、负荷开关辅助节点遥信值。

案例5 遥信频繁变位

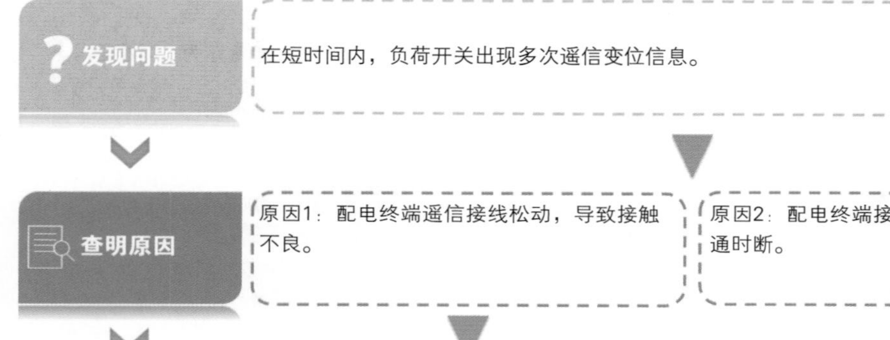
发现问题
在短时间内，负荷开关出现多次遥信变位信息。
查明原因
原因1：配电终端遥信接线松动，导致接触不良。
原因2：配电终端接线端子受潮，使触点时通时断。
解决问题
措施1：检查配电终端接线，将松动的接线可靠连接。
措施2：在受潮的配电终端处加装除湿器或采用其他除湿措施，使配电终端的湿度符合要求。

案例6　过流信号上送异常

发现问题

当现场有过流产生时，主站和现场均未收到过流告警信号。

查明原因

原因1：主站数据库中相应点号录入不正确。

原因2：终端设置时，此间隔的过流整定值设置过大。

原因3：通信不正常，导致过流信号未上送。

解决问题

措施1：查看数据库前置遥信定义表中对应间隔开关过流故障的遥信值点号，若不正确，则将点号修改正确后保存。

措施2：现场运维人员在终端设备上将过流整定值设置正确，重新加过流进行测试。

措施3：联系通信运维单位解决通信异常情况。

发现问题

当现场有过流产生时，主站和现场均未收到过流告警信号。

查明原因

原因4：三相TA只装了A、C两相，但现场发生了B相过流。

原因5：当失去交流供电时，蓄电池未及时向终端供电，导致站点退出，过流信号无法上送。

解决问题

措施4：完成B相TA的安装。

措施5：首先恢复交流供电，之后更换电源模块。

案例7 全站遥信信号与现场实际情况不一致

主站发现某站点遥信信号状态与现场实际情况不一样。

若全站遥信信号状态与实际状态都不一致，有以下两个原因：

原因1：站点IP发生冲突。主站和终端需有唯一的IP一一对应，在通信正常的情况下，主站才能正确显示终端的遥信状态。

原因2：遥信起始位不正确。遥信起始位有1和21两种，主站与现场需设置一致才可正确显示遥信状态。

措施1：重新给站点分配唯一对应的IP，并在台账中进行登记。

措施2：在数据库的IEC104规约表中修改遥信起始位，并与现场核对保证一致性。

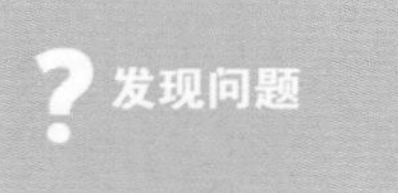

发现问题

主站发现某站点遥信信号状态与现场实际情况不一样。

查明原因

若站点个别间隔遥信信号状态与实际状态不一致，有以下两个原因：

原因3：终端遥信接线不正确。

原因4：主站数据库中点号录入不正确。

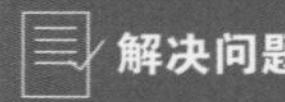

解决问题

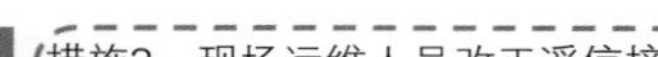

措施3：现场运维人员改正遥信接线错误。

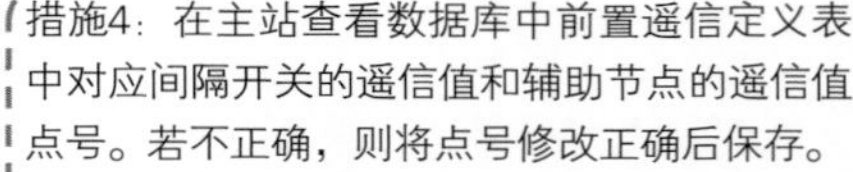

措施4：在主站查看数据库中前置遥信定义表中对应间隔开关的遥信值和辅助节点的遥信值点号。若不正确，则将点号修改正确后保存。

案例8 电缆两端电流遥测值显示不一致

主站侧发现某条电缆两端显示的电流遥测值不平衡，数值呈比例或不成比例。

原因1：若某条电缆两端的电流遥测值呈2∶3的比例，则有可能是主站测TA变比设置错误。

原因2：若某条电缆两端的电流遥测值不成比例，可能是现场TA没有安装到位，有漏磁产生。

原因3：间隔与电流值关联错误。

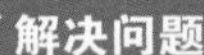

措施1：到现场查看两个间隔TA变比，并与主站确认。若确认主站设置不匹配，则在前置遥信定义表中修正。

措施2：检查现场TA安装情况是否负荷要求，进行消缺。

措施3：将间隔与电流值重新进行关联。

案例9 电池电压显示为零

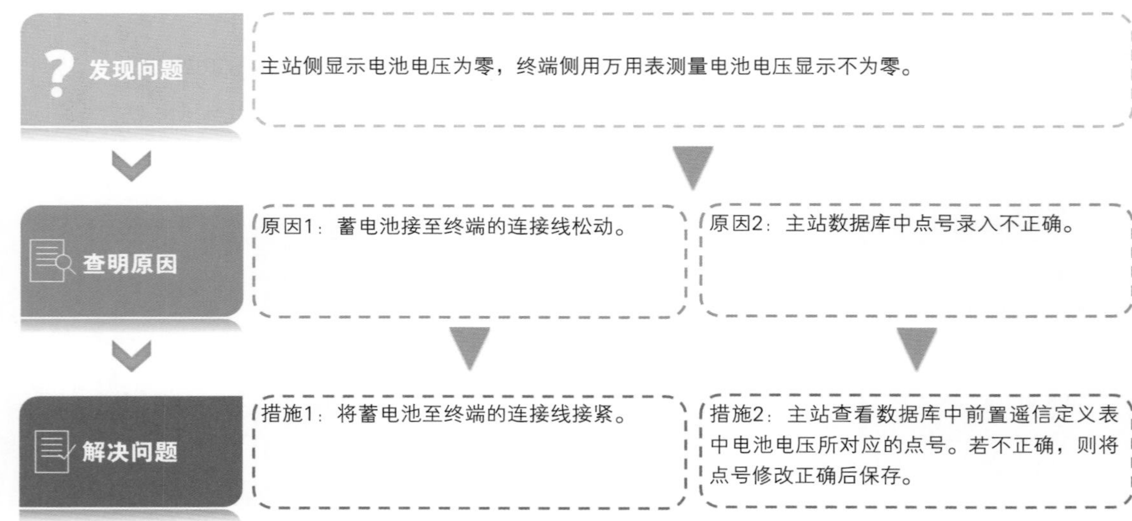

案例10　遥控时预置超时

遥控预置时显示“失败，预置超时”。

原因1：主站下达预置命令后，由于通信问题，终端未收到预置信息或终端收到预置信息却为发送返校信息，导致预置超时。

原因2：终端远方、就地切换开关在就地或闭锁位置，或开关远方端子接线松动，导致实际并未将终端切换至远方位置。

措施1：若通信问题导致预置超时，则需联系通信运维单位消缺。

措施2：将远方、就地切换开关切换至远方位置或将远方、就地切换开关接线接紧。

案例11　遥控时监护界面无法弹出

调度员在遥控过程中点击“发送”，遥控监护界面无法弹出，显示等待界面“请等待监护员确认”，一段时间后显示“监护员拒绝”。

原因1：监护节点与目前的工作站不对应。

原因2：本机上遥控监护进程（yk_garder）未启动，引起监护界面无法弹出。

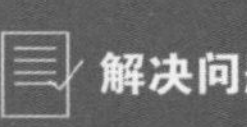

措施1：点击监护节点下拉菜单，选择与当前工作站一致的监护节点，点击发送，监护界面便会弹出到当前页面。

措施2：若监护节点设置正确，可通过重启“yk_garder”进程来消缺。

案例12　遥控失败

发现问题

遥控后系统反馈遥控失败。

查明原因

若实际开关未动作，有以下两个原因：

原因1：终端或一次设备故障，可现场查看故障原因，通过分段测试的方法，确定故障设备。

原因2：通道退出，可通过分段测试的方法，确定故障设备。可能故障情况有通信光缆中断、通信设备故障、自动化终端通信板件故障。

解决问题

措施1：更换损坏部件。

措施2：对故障设备进行维修或更换。

发现问题

遥控后系统反馈遥控失败。

查明原因

若实际开关动作：

原因3：通信异常。

原因4：终端设备故障。

解决问题

措施3：查看通信运行情况，是否存在遥控期间遥信变位数据传输过慢的现象。

措施4：检查遥信回路。

案例13 遥控错位

遥控的开关与实际动作的开关不一致。

原因1：主站或终端点号设置错误。

原因2：主站或终端IP设置错误。

原因3：终端接线错误。

措施1：检查主站遥控关系表和终端遥控点号，遥控间隔的点号是否错填为其他间隔的点号。

措施2：检查主站通道表和终端IP设置，遥控建和所属站点的IP是否错填为其他站点的IP。

措施3：检查终端接线情况，遥控间隔是否错接到其他负荷开关上。

案例14 开关误动

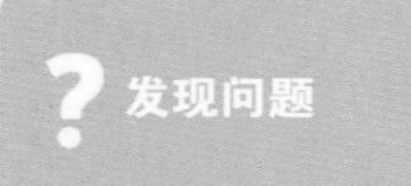

现场负荷开关在无任何遥控指令操作的情况下发生动作。

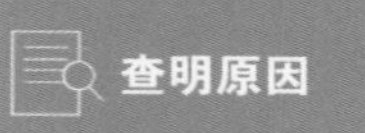

原因1：如果是有源终端设备，则可能为遥控命令线误触发。

原因2：如果是无源终端设备，在“遥控预置”开放电机电源后负荷开关发生动作，则可能为终端线路串线。

措施1：清查控制回路的遥控命令线。

措施2：检查终端接线情况，遥控命令线是否与电机电源线串接。

案例15 馈线自动化程序无法启动

某条线路跳闸后，馈线自动化未启动。

原因1：服务器未正常工作，馈线自动化相关进程应用未正常运行，导致无法及时正确启动。

原因2：主网和配网未正确关联拼接，馈线自动化程序找不到10kV出线对应的配网线路。

措施1：重启服务器或相关进程应用。

措施2：修改主网和配网节点号，使相关设备正确对应连接。

发现问题

某条线路跳闸后，馈线自动化未启动。

查明原因

原因3：10kV出线开关跳闸信号或过流信号未正确上传，不满足馈线自动化的启动条件。

原因4：10kV出线开关过流信号关联错误或未关联，导致过流信号虽正确上传，却未正确对应开关设备。

解决问题

措施3：联系变电检修单位，进行相关设备消缺。

措施4：修改开关过流信号关联设置，并重启faTopoService等相关进程。

案例16 馈线自动化故障判断错误

发现问题

某条线路跳闸后，馈线自动化启动，但方案不正确。

查明原因

原因1：图形拓扑错误。

原因2：负荷开关过流信号未上传。

解决问题

措施1：进行图形校验，与实际配网运行网架进行对比，修改错误图形。如图形正确，进行拓扑校验，修正错误的节点号。

措施2：对现场设备进行消缺。

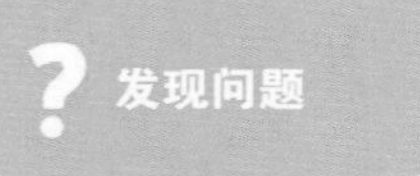

某条线路跳闸后，馈线自动化启动，但方案不正确。

原因3：负荷开关过流信号关联错误或未关联，导致过流信号虽正确上传，系统却接收到错误的过流信号。

原因4：上一次动作故障的过流信号未及时复归，出现不属于此次故障的过流信号。

措施3：修改负荷开关过流信号关联设置。

措施4：手动进行过流信号复归。

案例17 馈线自动化故障恢复错误

发现问题

馈线自动化故障判断正确，但执行失败。

查明原因

若为自动化开关，故障原因有：

原因1：主站遥控相关信息表设置错误，遥控失败或遥控错位。

原因2：通道退出。

原因3：终端设备故障或接线错误，遥控失败或遥控错位。

解决问题

措施1：检查遥控相关信息表确保IP、点号、开关节点号、遥控允许等相关信息是否正确。

措施2：参考通道退出案例。

措施3：进行终端消缺，检查终端设备板件是否正常、接线情况是否正确、电动操作机构是否正常。

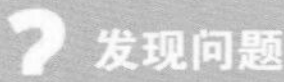

发现问题

馈线自动化故障判断正确，但执行失败。

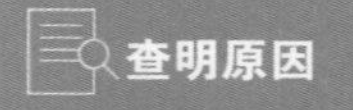

查明原因

原因4：若为非自动化开关，则有可能是馈线自动化程序参数设置原因，若将馈线自动化程序设置成“故障定位之后，如果隔离开关无遥控功能，则不进行向外扩展”，就会导致需遥控非自动化开关时，程序未继续执行。

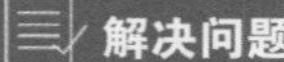

解决问题

措施4：检查馈线自动化程序参数设置，是否有跳过非自动化开关的功能。如没有，则需将Sel_can_yk_only参数设置为0（隔离开关无遥控功能，则进行向外扩展）。

案例18 10kV线路单相接地事故

发现问题

10kV电缆其中一相接地，对电网安全运行造成影响。

查明原因

电缆运行时间较长，绝缘老化。

解决问题

配调调控员利用open3200遥控试拉功能，结合市民对故障的反应，迅速确定某一条10kV电缆故障，及时隔离故障，恢复送电。

××××年××月××日宁波市区配调处理10kV线路单相接地事故典型案例		
时刻	主体	内容
14：04	监控值班	告知：马园变电站10kVⅡ段C相全接地。
14：05	市区一站	告其上述事故，派人去马园变电站现场。
14：08	95598平台	告其上述事故，马园变电站线路接地试拉，有停电现象。
14：10	妇儿医院	告其马园变电站母线故障，需要停电。用户告：医院用电为延庆变电站堰头N140线。
14：28	市区一站	来告：马园变电站现场检查无异常，判断为外部线路接地；小电流选线系统显示为金海412、立交414、宫前416线。许可：马园变电站金海412、立交414、宫前416线接地试拉。
14：30	市区一站	操作完毕：确认马园变电站10kVⅡ段C相接地线路为金海412线。
	95598平台	来告：有人反应来告柳汀立交桥旁边电缆沟有异响，但没有停电。
14：31	市区配调	告配电运检室相关部门金海412线接地一事，要求有事故线索时，请提供信息，事故处理请准备。根据用户反应及金海412线网架，配调调控员估计为柳汀立交环网单元的进出线电缆可能故障。制定一套试拉接地线路的方案。
14：33	市区配调	令：柳汀星座开关站立汀AA733线由运行改为热备用（遥控），接地未消失，表明接地线路不是柳汀星座开关站立汀AA733线及以下线路，则开始借电操作。
14：35	市区配调	令：柳汀星座开关站10kV1号母分由热备用改为运行（遥控），停电线路恢复运行。
14：36	市区配调	令：柳汀立交环网单元立汀AA733线由热备用改为运行（遥控），接地消失。至此，配调调控员判断接地电缆为立汀AA733线。
14：39	配电运检一班	告其：金海412线C相接地故障点为立汀AA733线，现两侧热备用，柳汀星座开关站及以下负荷已借堰头N140线，要求现场检查。妇儿医院单电源供电，现在合环潮流较大，待负荷较轻时，切换到前园N243线供电，恢复双电源。
14：50	配电运检一班	来告：确认故障点为电缆立汀AA733线，两侧均为热备用，故障已经上报，择日处理。柳汀星座开关站10kV母分Ⅰ段以下负荷已借堰头N140线，其他无异常。

案例19　10kV线路跳闸事故

发现问题

配电站母线故障引起10kV线路跳闸。

查明原因

配电站设备原因引起跳闸。

解决问题

交互式馈线自动化模式：配调调控员利用open3200过流提示、故障自愈信息，迅速确定环网站母线故障，利用遥控操作功能，及时隔离故障，恢复送电。
全自动馈线自动化模式：配电自动化系统自动完成故障隔离和非故障区域恢复送电操作。

××××年××月××日 宁波市区调配处理10kV线路跳闸事故典型案例		
时刻	主体	内容
18：14	监控值班	告：育才变电站天台合N910线开关跳闸。变电运维人员已经向变电站出发。
18：18	市区配调	根据OPEN3200天合2号开关站进线及上游开关有过流提示信号，出线及下游开关无过流提示信号，判断为天合2号开关站Ⅰ段母线故障。
18：20	市区配调	告配电三班及洪塘供电所上述情况。
18：21	市区配调	请示配调班长：根据OPEN3200过流信号，判断为天合2号开关站Ⅰ段母线故障。因母线故障概率很低，汇报上述情况。配调班长告其根据多个信号及故障自愈信息判断，此故障判断正确，可以执行。
18：23	市区配调	令：①天合2号开关站天合CA005线由运行改为热备用（遥控）；②天合2号开关站天合CA012线由运行改为热备用（遥控）；③天合2号开关站天合CA007线由运行改为热备用（遥控）；④天合2号开关站天康CA188线由运行改为热备用（遥控），至此，配调隔离了母线故障。
18：31	市区配调	令：水尚阑珊1号配电室城水CA193线由热备用改为运行（遥控）（目的：天合1号开关站及以下借庄桥N325线）。
18：35	市区配调	令：天合2号开关站天合CA070线由热备用改为运行（遥控）（目的：天合7号配电室借阑珊N916线）。至此，故障设备以下具备自动化转供的停电线路恢复送电。
18：36	洪塘所	来告：去庄桥中心开关站，路况不佳，需要一定的时间到达现场。
18：39	市区三站	来告：现场检查显示育才变电站天合N910线速断保护动作，重合闸未投。
18：42	市区三站	令：育才变电站天合N910线由热备用改为运行，情况正常。至此，故障设备上游恢复送电。
18：52	市区配调	令：①天合7号配电室天合CA007线由运行改为热备用（遥控）；②天合5号配电室天合CA005线由运行改为热备用（遥控）；③天合1号开关站天合CA021线由运行改为热备用（遥控）。利用自动化设施隔离了故障。
19：18	配电运检三班	来告：现场检查天合2号开关站Ⅰ段母线故障，其余设备运行正常。
19：29	洪塘所	来告：庄桥中心开关站庄康CAB02线已改为运行，康庄开关站天康CA188线已经改为热备用，其用户负荷已借孔家N528线。
20：23	配电运检三班	来告：故障母线对侧线路已经隔离，已报缺陷，抢修队伍已经安排，明日处理。至此，不具备自动化的停电线路也恢复送电，全部故障处理暂告段落。